U0183887

"十四五"高等教育计算机辅助设计新形态系列教材

AutoCAD 基础与应用教程

刘庆运　贾黎明　仝基斌◎主　编
杨丽雅　李碧研　陈荣虎◎副主编
　　　　　　　　陈德鹏◎主　审

中国铁道出版社有限公司
CHINA RAILWAY PUBLISHING HOUSE CO., LTD.

内 容 简 介

本书以 AutoCAD 2021 为操作平台,兼顾 AutoCAD 2010 以上版本编写,分为上下两篇。上篇是基础篇,包括 AutoCAD 绘图基础、基本绘图命令、基本修改命令、图块和图案填充、尺寸标注、二维图形的参数化绘图、图形输入/输出与打印发布、三维实体造型基础等;下篇是应用篇,以全国大学生先进成图技术与产品信息建模创新大赛、华东区大学生 CAD 应用技能竞赛赛题的基本绘图和读图要求为指导展开,从建筑类、水利类和道桥类三个方向介绍工程图的标准、识读和绘制,可满足高等院校工科 CAD 课程教学要求和 CAD 爱好者的基本知识需求。

本书适合作为高等院校土建、水利、道桥类专业的 AutoCAD 课程教材,也可以作为竞赛指导书,以及工程技术人员的参考书。

图书在版编目(CIP)数据

AutoCAD 基础与应用教程/刘庆运,贾黎明,全基斌主编 . —北京:
中国铁道出版社有限公司,2023.7
"十四五"高等教育计算机辅助设计新形态系列教材
ISBN 978-7-113-29983-5

Ⅰ.①A… Ⅱ.①刘… ②贾… ③全… Ⅲ.①AutoCAD 软件-
高等学校-教材 Ⅳ.①TP391.72

中国国家版本馆 CIP 数据核字(2023)第 032760 号

书　　名:**AutoCAD 基础与应用教程**
作　　者:刘庆运　贾黎明　全基斌

策　　划:曾露平
责任编辑:曾露平　彭立辉　　　编辑部电话:(010)63551926
封面设计:郑春鹏
责任校对:苗　丹
责任印制:樊启鹏

出版发行:中国铁道出版社有限公司(100054,北京市西城区右安门西街 8 号)
网　　址:http://www.tdpress.com/51eds/
印　　刷:北京市泰锐印刷有限责任公司
版　　次:2023 年 7 月第 1 版　2023 年 7 月第 1 次印刷
开　　本:787 mm×1 092 mm 1/16　印张:15　字数:419 千
书　　号:ISBN 978-7-113-29983-5
定　　价:39.80 元

前　　言

在工程和产品设计中，计算机可以帮助设计人员担负计算、信息存储和制图等工作，这项工作称为计算机辅助设计（CAD）。Autodesk 公司的 AutoCAD 软件是主流 CAD 软件之一，具有广泛的应用领域。该软件具有良好的用户界面、完备的二维绘图功能、强大的三维绘图功能，并且拥有和其他多种软件兼容的图形输入/输出功能。

本书是编写团队在多年 AutoCAD 教学实践的基础上编写而成的，其内容和特点如下：

（1）内容较全面。上篇包括 AutoCAD 绘图基础、基本绘图命令、基本修改命令、图块和图案填充、尺寸标注、二维图形的参数化绘图、图形输入/输出与打印发布、三维实体造型基础等；下篇包括建筑 CAD、水利工程 CAD、道桥工程 CAD。可以满足 CAD 学习者和爱好者的基本知识学习需求。

（2）引入 CAD 竞赛知识。工程教育认证 12 条毕业要求中，有工程知识、设计/开发解决方案、使用现代工具、个人和团队、终身学习等。大学生参加学科竞赛可以锻炼以上这些能力。参加团队型竞赛，可以提高沟通能力和团队协作能力；参加专业竞赛，可以提升自己的学科专业能力。教师指导学生参加竞赛，可以达到"以赛促改、以改带赛"的良性循环。

本书应用篇以全国大学生先进成图技术与产品信息建模创新大赛、华东区大学生CAD 竞赛为纲，从工程基础知识、国家标准、识读和绘制工程图等多方面展开编排，为竞赛选手认识竞赛、准备竞赛和集训提供了一些思路和参考。

（3）通过习题增加绘图技巧性训练和工程知识。掌握 AutoCAD 基础知识和工程图识读是工程技术人员必备的技能之一。在介绍专业基础知识的同时，本书引用了一些趣味性较强且对绘图技巧要求较高的二维图形习题，在应用篇以实际的工程图作为 AutoCAD习题，为读者提前了解工程提供帮助。

（4）融入传统文化。编写组认真学习领悟党的二十大精神，在图块和图案填充章节引入中国传统图案文化和绘画文化，以体现中华民族五千多年的灿烂文化。将美术基础知识中的色彩基础与 AutoCAD 功能融合起来，读者可以在练习基本命令的同时锻炼创新思维和艺术思维能力。设置企业 LOGO 绘制环节，读者可以通过企业创想和 LOGO 绘制对中国行业文化有所了解。

（5）数字化资源建设。编写组依托学银在线创建数字化教育资源（该教育资源已入选国家高等教育智慧教育平台），并根据科技发展适时更新教学资源，为"推进教育数字化"

贡献力量。

本书由安徽工业大学、皖江工学院、马鞍山学院、南宁学院联合编写,刘庆运、贾黎明、全基斌任主编,杨丽雅、李碧研、陈荣虎任副主编,裴善报、俞金众、王秀珍、陈华、汪丽芳、黄家聪参与编写。全书由陈德鹏主审。

本书在编写过程中得到许多同志的帮助,感谢相关竞赛组委会和专家的悉心指导,感谢天正公司对编写组多年以来的大力支持,感谢中国铁道出版社有限公司的编辑对本书的顺利出版付出的努力。

因编者水平有限,书中难免存在疏漏与不妥之处,敬请读者批评指正!

编 者

2023 年 1 月

目　　录

上篇　AutoCAD 基础篇

第1章　AutoCAD 绘图基础 ⋯⋯⋯⋯⋯⋯⋯⋯⋯⋯⋯⋯⋯ 2

1.1　AutoCAD 软件简介 ⋯⋯⋯⋯⋯⋯⋯⋯⋯⋯⋯⋯⋯⋯ 2

1.2　AutoCAD 软件基本操作 ⋯⋯⋯⋯⋯⋯⋯⋯⋯⋯⋯⋯ 3

习　题 ⋯⋯⋯⋯⋯⋯⋯⋯⋯⋯⋯⋯⋯⋯⋯⋯⋯⋯⋯⋯⋯⋯ 16

第2章　基本绘图命令 ⋯⋯⋯⋯⋯⋯⋯⋯⋯⋯⋯⋯⋯⋯⋯⋯ 18

2.1　基本绘图命令工具栏 ⋯⋯⋯⋯⋯⋯⋯⋯⋯⋯⋯⋯⋯ 18

2.2　常用的二维绘图命令 ⋯⋯⋯⋯⋯⋯⋯⋯⋯⋯⋯⋯⋯ 19

习　题 ⋯⋯⋯⋯⋯⋯⋯⋯⋯⋯⋯⋯⋯⋯⋯⋯⋯⋯⋯⋯⋯⋯ 29

第3章　基本修改命令 ⋯⋯⋯⋯⋯⋯⋯⋯⋯⋯⋯⋯⋯⋯⋯⋯ 32

3.1　基本修改命令工具栏 ⋯⋯⋯⋯⋯⋯⋯⋯⋯⋯⋯⋯⋯ 32

3.2　常用的二维修改命令 ⋯⋯⋯⋯⋯⋯⋯⋯⋯⋯⋯⋯⋯ 32

习　题 ⋯⋯⋯⋯⋯⋯⋯⋯⋯⋯⋯⋯⋯⋯⋯⋯⋯⋯⋯⋯⋯⋯ 42

第4章　图块和图案填充 ⋯⋯⋯⋯⋯⋯⋯⋯⋯⋯⋯⋯⋯⋯⋯ 46

4.1　图块 ⋯⋯⋯⋯⋯⋯⋯⋯⋯⋯⋯⋯⋯⋯⋯⋯⋯⋯⋯⋯ 46

4.2　图案填充 ⋯⋯⋯⋯⋯⋯⋯⋯⋯⋯⋯⋯⋯⋯⋯⋯⋯⋯ 49

4.3　渐变色填充 ⋯⋯⋯⋯⋯⋯⋯⋯⋯⋯⋯⋯⋯⋯⋯⋯⋯ 59

4.4　企业创想与 LOGO-CAD 绘制 ⋯⋯⋯⋯⋯⋯⋯⋯⋯ 61

习　题 ⋯⋯⋯⋯⋯⋯⋯⋯⋯⋯⋯⋯⋯⋯⋯⋯⋯⋯⋯⋯⋯⋯ 62

第5章　尺寸标注 ⋯⋯⋯⋯⋯⋯⋯⋯⋯⋯⋯⋯⋯⋯⋯⋯⋯⋯ 64

5.1　尺寸标注工具栏 ⋯⋯⋯⋯⋯⋯⋯⋯⋯⋯⋯⋯⋯⋯⋯ 64

5.2　标注样式设置 ⋯⋯⋯⋯⋯⋯⋯⋯⋯⋯⋯⋯⋯⋯⋯⋯ 65

5.3　常用的尺寸标注 ⋯⋯⋯⋯⋯⋯⋯⋯⋯⋯⋯⋯⋯⋯⋯ 69

习　题 ⋯⋯⋯⋯⋯⋯⋯⋯⋯⋯⋯⋯⋯⋯⋯⋯⋯⋯⋯⋯⋯⋯ 77

第6章　二维图形的参数化绘图 ⋯⋯⋯⋯⋯⋯⋯⋯⋯⋯⋯ 80

6.1　二维图形参数化基础知识 ⋯⋯⋯⋯⋯⋯⋯⋯⋯⋯⋯ 80

6.2　二维图形参数化工具简介 ⋯⋯⋯⋯⋯⋯⋯⋯⋯⋯⋯ 80

6.3　二维图形参数化绘制举例 ⋯⋯⋯⋯⋯⋯⋯⋯⋯⋯⋯ 91

习　题 ⋯⋯⋯⋯⋯⋯⋯⋯⋯⋯⋯⋯⋯⋯⋯⋯⋯⋯⋯⋯⋯⋯ 98

第7章 图形输入/输出与打印发布 ················· 100

7.1 外部图形输入 ························· 100

7.2 图形的输出 ························· 102

7.3 模型空间与图纸(布局)空间 ··············· 104

7.4 发布 ······························ 109

习 题 ··························· 111

第8章 三维实体造型基础 ····················· 113

8.1 三维基本知识 ························· 113

8.2 基本三维实体的绘制 ··················· 116

8.3 三维实体的编辑和操作 ·················· 129

8.4 三维实体的渲染 ······················ 139

习 题 ··························· 141

下篇 AutoCAD 应用篇

第9章 建筑 CAD ························ 146

9.1 建筑 CAD 与竞赛 ····················· 146

9.2 建筑施工图基础知识 ··················· 148

9.3 天正建筑软件绘制建筑施工图 ·············· 163

习 题 ··························· 181

第10章 水利工程 CAD ····················· 187

10.1 水利工程 CAD 与竞赛 ·················· 187

10.2 水利水电工程制图 ···················· 188

10.3 水工建筑图的识读及 CAD 绘制 ············· 198

习 题 ··························· 203

第11章 道桥工程 CAD ····················· 207

11.1 道桥工程 CAD 与竞赛 ·················· 207

11.2 道桥工程图概述 ····················· 208

11.3 道桥工程图举例 ····················· 213

习 题 ··························· 219

附录 A AutoCAD 快捷键 ···················· 227

附录 B 天正建筑软件常用快捷命令 ·············· 229

参考文献 ··························· 233

AutoCAD基础篇

篇首语

  本篇包括 AutoCAD 绘图环境设置、基本绘图命令、基本修改命令、图块和图案填充、尺寸标注、二维图形的参数化绘图、图形输入/输出与打印发布、三维实体造型基础等。在绘图之前需要对绘图环境进行设置,如图层、快捷键等;设置好环境之后就可以使用基本绘图命令和基本编辑命令绘制一些简单的二维图形,复杂的二维图形需要用到参数化绘图。使用图例对图形进行填充是绘图规范化和标准化常用的手段,如果想得到一些艺术图形,可以将色彩基础知识和传统图案和纹样文化融入绘图中。通过一些简单的三维基础命令可以创建叠加类和切割类的组合形体,AutoCAD 2010 以上版本的三维建模功能已逐渐完善,可适应多种复杂形体的建模。

第 1 章　AutoCAD 绘图基础

工程图样是工程与产品信息的载体,是工程界表达、交流的语言,是现代生产中重要的技术文件。手工绘制工程图样时,使用三角板、丁字尺、圆规等简单工具,效率低、周期长,不易于修改。与手工绘图相比,计算机绘图是一种高效率、高质量的绘图技术。在熟练掌握各项制图国家标准和绘图规律之后,有必要学习计算机绘图软件以提高绘图效率。

1.1　AutoCAD 软件简介

●┈┈┈● 视频

AutoCAD
软件简介

1982 年 11 月,Autodesk 公司发布了 AutoCAD 的第一个版本,提供简单的线条绘图功能,没有菜单,用户需要自己熟记命令,运行于 DOS 操作系统。

1983 年之后,AutoCAD 绘图功能逐步完善,出现屏幕菜单、下拉式菜单和状态栏。1988 年推出的第 10 个版本——R10 版具有完整的图形用户界面和 2D/3D 绘制功能,标志着 AutoCAD 进入成熟阶段。

R11 版增加了图纸空间、3D 实心体建模等功能。R14 版摒弃了传统的 DOS、UNIX 平台,面向已经成熟的 Windows 操作系统,纯 32 位代码开发,2D/3D 功能全面加强,全新的视窗型用户界面完全兼容于 Windows 多用户多任务运行环境,实现不同应用之间的数据交流与资源共享。

2006 年之后,Autodesk 公司将旗下另一款知名 3D 设计软件 3ds Max 的诸多技术移植到 AutoCAD 的 R17 版(AutoCAD 2007/2008/2009)中:参数化的实心体模型支持夹点拖动自由变形,增加放样(LOFT)、扫掠(SWEEP)、螺旋体等高级建模命令,内置与 3ds Max 一致的材质编辑器与 Mentalray 渲染引擎,新的漫游与飞行功能用于模型的动态观察与体验等。

AutoCAD 2018 版特点:优化界面、新标签页、功能区库、命令预览、帮助窗口、地理位置、实景计算、Exchange 应用程序、计划提要、线平滑;底部状态栏整体优化更实用便捷。

AutoCAD 2020 版特点:只需将鼠标悬停在图形上,所有附近的测量值都可以显示在图形上。可以在任何设备、桌面、网络或移动设备上查看、编辑和创建 AutoCAD 中的图形。AutoCAD 2020 还增加了"DWG 比较"功能,用户可以在模型空间中突出显示同一图形或不同图形的两个修订之间的差异。

AutoCAD 2021 版特点:新增了图形版本历史记录功能,用户可以通过将图形保存至 Dropbox、Box 等账户中,创建同一文件的不同版本,以方便用户做图形比对、数据恢复等工作。图形历史记录功能的维护时长通常为 30 天或更长。相对于以往复杂的"延伸"和"修剪"命令,此次更新简化了相关的命令步骤。使用"延伸"命令时,仅需要选择需要延伸的线条,软件自动延伸线条至下一个截止点。使用"修剪"命令时,仅需要选择想删除的线条,就可以完成删除功能。增加了外部参照比较,方便用户更快速了解外部参照文件的版本变化位置。

AutoCAD 2022 版特点:新的"开始"选项卡会亮显最常见的需求,浮动图形窗口可以同时打开两张图纸,跟踪功能可以协作跟踪图纸,计数功能可以统计文件中的块数量,全新跨平台三维图形系统实现技术预览。

AutoCAD 软件具有完善的图形绘制功能、强大的图形编辑功能、可进行二次开发等,能够帮助用户进行二维绘图、详细绘制、设计文档和基本三维设计,可用于土木建筑、装饰装潢、工业制图、工程制图、电子工业、服装加工等多行业多领域。

国产化的 CAD 软件有天正 CAD、浩辰 CAD、中望 CAD、CAXA 等,与 AutoCAD 有一定的兼容性,在专业领域各有所长,这些国产软件目前逐渐应用于国内多个领域。

1.2　AutoCAD 软件基本操作

1.2.1　AutoCAD 软件界面

AutoCAD 软件已经更新了很多版本,本书将以 AutoCAD 2021 为操作平台,在操作界面展示和一些常用命令叙述时兼顾 AutoCAD 2010 以上版本。

图 1-1 所示为 AutoCAD 2021 的原始界面,包括标准工具栏、菜单栏、标题栏、绘图工具、修改工具、注释工具、图层工具、图块工具、特性工具、绘图区、命令输入行、坐标动态显示、状态设置区、世界坐标系等。

视频

AutoCAD软件基本操作

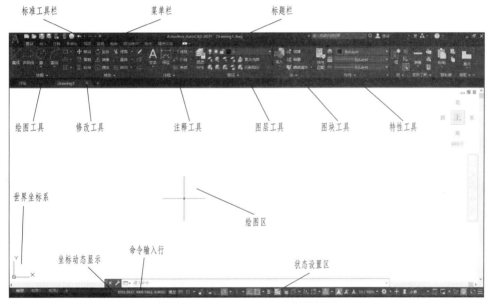

图 1-1　AutoCAD 2021 的原始界面

如果计算机上安装有低版本的 AutoCAD,安装 AutoCAD 2021 时可以选择将原有的界面使用习惯移植到新版本中。移植后在 AutoCAD 2021 界面右下角单击"切换工作空间" 按钮弹出图 1-2 所示列表,与原界面相比增加了"AutoCAD 经典"工作空间。

单击"切换工作空间"按钮 ,选择"AutoCAD 经典"选项,得到图 1-3 所示界面,与图 1-1 相比最主要的变化是绘图工具和修改工具分别位于绘图区两侧。当然,绘图工具和修改工具等可以不在默认位置,按住鼠标左键拖动工具栏端部,可以将其放在界面的其他位置。

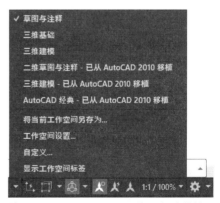

图 1-2　AutoCAD 2021 工作空间移植情况

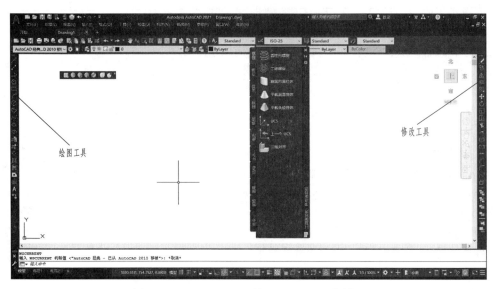

图 1-3　AutoCAD 2021 的 AutoCAD 经典界面

1.2.2　常用的二维绘图工具设置——选项

选择"工具"→"选项"命令，按 Enter 键，打开图 1-4 所示的"选项"对话框。或者在命令行输入 OP 也可以打开"选项"对话框。

图 1-4　"选项"对话框

在"选项"对话框中可以对文件、显示、打开和保存、打印和发布、系统、用户系统配置、绘图、三维建模、选择集、配置、联机等分别进行设置。下面对二维绘图时常用的几种设置进行介绍。

1. 显示

单击"显示"选项卡(见图 1-4)，"窗口元素"栏中有"颜色"按钮，单击"颜色"按钮，打开图 1-5 所示的"图形窗口颜色"对话框,可以对绘图区背景颜色进行设置,然后单击"应用并关闭"按钮,设置完成。

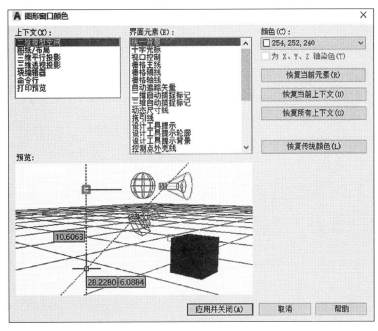

图 1-5 "图形窗口颜色"对话框

在图 1-4 中,"显示性能"栏中有"应用实体填充"复选框,默认是选中状态,如果取消选中,在后面执行图案填充命令时将无法填充图案。在"十字光标大小"栏中可以调整十字光标的大小。

2. 打开和保存

如图 1-6 所示,在"文件保存"栏中可以设置保存文件的版本。如果用高版本软件绘图,需要在低版本中打开,必须保存成低版本文件。"文件安全措施"栏默认每间隔 10min 保存一次文件,可以预防绘图过程中误操作或者死机等意外状况。

图 1-6 "打开和保存"选项卡

3. 绘图

如图 1-7 所示,在"自动捕捉设置"栏中可以对自动捕捉标记的颜色进行设置,默认为比较醒目的橘黄色(RGB:255,153,0);在"自动捕捉标记大小"栏中可以拖动滑块对自动捕捉标记的大小进行设置;在"靶框大小"栏中可以拖动滑块对靶框的大小进行设置。

图 1-7　"绘图"选项卡

4. 配置

当遇到工具栏、菜单、标准工具栏等意外消失时,可以使用"配置"对话框中的"重置"功能进行恢复。如图 1-8 所示,单击"重置"按钮,出现对话框询问是否重置,单击"是"按钮,绘图界面将返回到原始状态,即图 1-1 所示状态。也可以在绘图区外的适当位置右击,弹出 AutoCAD 提示,当前显示"√"的工具栏已经显示在界面上,可以选中其他工具栏或者取消当前的工具栏,如图 1-9 所示。

图 1-8　"配置"选项卡

图 1-9　调用工具栏

1.2.3　常用的二维绘图格式设置

如图 1-10 所示，在"格式"菜单中可以对绘图格式进行设置，常用的有图层、文字样式、标注样式、多重引线样式、点样式、多线样式、单位、图形界限等。

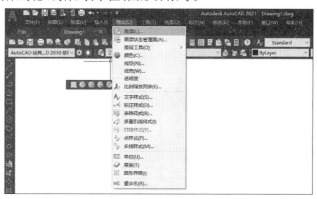

图 1-10　绘图格式下拉菜单

1. 图层

图层就像是含有文字或图形等元素的胶片或者透明的玻璃纸，一张张按顺序叠放在一起，组合起来形成页面的最终效果。虽然视觉效果一致，但分层绘制具有很强的可修改性。用户可以根据不同线形和线宽等需要设置不同的图层，方便管理。

如图 1-11 所示，在图层设置对话框中可以新建图层、删除图层等，可以对每个图层的颜色、线型、线宽、可否打印等予以设置。图示的当前图层是 0 层，是打开状态，没有冻结或锁定，颜色为黑色，线型是 Continuous，可打印。

当一张图纸中图层比较多时，可以利用图层过滤器设置过滤条件，缩短查找和修改图层设置的时间。在图层特性管理器中已默认添加了一个过滤器：可以显示所有使用的图层上有对象的图层,也可以选中图 1-11 左下角的"反转过滤器"复选框,显示所有没有对象的图层。如果需要频繁利用图层来管理图形,可以按照图 1-12 所示新建特性过滤器。

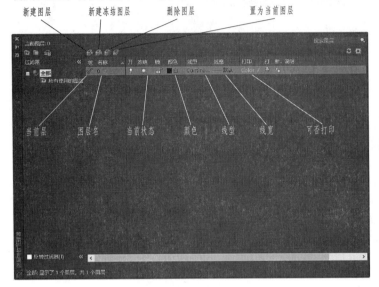

图 1-11　图层设置对话框　　　　　　　　　　　图 1-12　新建特性过滤器

下面以虚线图层为例介绍图层的具体创建过程。

单击图 1-11 中的"新建图层"按钮,打开图 1-13 所示的界面。

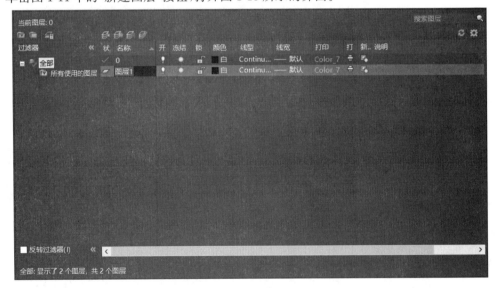

图 1-13　新建图层

图层 1 延续了 0 层的所有设置格式,需要对其进行修改。

(1)修改图名:单击"图层 1",将图层名改为"虚线"。

(2)修改颜色:单击颜色,打开图 1-14 所示的"选择颜色"对话框,可以选择颜色对比较明显的几种索引颜色为图层颜色,此处选择 6 号索引颜色为"虚线"图层的颜色。

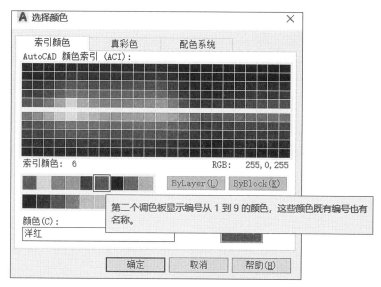

图 1-14　选择颜色

（3）修改线型：单击 Continuous，可修改线型，打开图 1-15（a）所示对话框，已加载的线型中只有 Continuous，需要单击"加载"按钮，得到图 1-15（b）所示对话框，从几种虚线线型中选择一种，如 DASHED，单击"确定"按钮，如图 1-15（c）所示，选中 DASHED，单击"确定"按钮，虚线线型设置完毕。

　（a）　　　　　　　　　　　　（b）　　　　　　　　　　　　（c）

图 1-15　加载线型

图层名、颜色、线型是图层中最常用的基本内容。读者可以自行设置图层中的其他项目。

（4）打开、关闭、冻结和锁定图层：图层默认是打开状态，当图形复杂时，可以使用关闭或者冻结图层的功能。

关闭某个图层后，该图层中的对象将不再显示，但仍然可在该图层上绘制新的图形对象，不过新绘制的对象也是不可见的。被关闭图层中的对象可以编辑修改。

冻结图层后，该层不可见，实体不可选择，不可编辑修改，对整图执行"重新生成"命令时忽略冻结层中的实体。冻结图层后，不能在该层上绘制新的图形对象。

锁定图层后，被锁定层上的实体可见，不能编辑，但是可以新增实体。

（5）图层的删除：0 层、当前层、Defpoints 层、包含对象的图层和依赖外部参照的图层不能被删除。

2. 单位

通过"格式"菜单打开"图形单位"对话框，如图 1-16 所示。图形单位设置包括长度和角度设置。长度类型包括小数、分数、工程、建筑、科学 5 个类别，每个类别下对应多种精度选项，例如，小数精度有 0—0.00000000 多个可选项；缩放单位有毫米、分米、百米、英尺等多种类型。角度类型有百分度、弧度、十进制度数等，每个类别下对应多种精度选项；默认角度为逆时针，如果选中"顺时针"复选框，则画图时软件以顺时针方向计算。

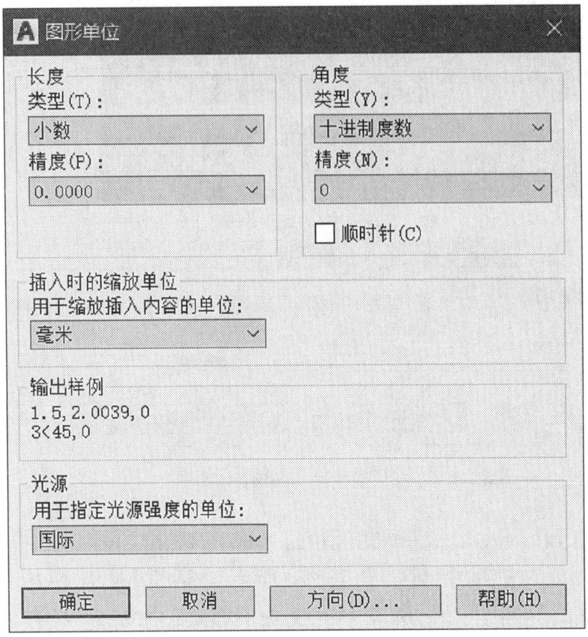

图 1-16 "图形单位"对话框

3. 图形界限

在绘制 CAD 图形时，有时需要给 CAD 设置一个图形界限。图形界限确定了栅格和缩放的显示区域。选择"格式"→"图形界限"命令，或者输入 LIMITS，命令行会有相应的设置提示。

命令:'_LIMITS 回车

重新设置模型空间界限:回车

指定左下角点或［开(ON)/关(OFF)］＜0.0000,0.0000＞:回车

指定右上角点 ＜420.0000,297.0000＞:回车

AutoCAD 默认的图形界限是 A3 图纸范围。如果不想在图形界限以外画图，可以在"指定左下角点或［开(ON)/关(OFF)］"行右侧输入 ON 后回车，反之，输入 OFF 回车。

文字样式、标注样式、多重引线样式、点样式、多线样式等将在对应的绘图命令中介绍。

1.2.4 状态设置区中常用的设置

状态设置区按钮及注解如图 1-17 所示。

图 1-17 状态设置区

在状态设置区"捕捉模式""对象捕捉追踪"等多个按钮处右击，选择"设置"命令，均可弹出图 1-18 所示"草图设置"对话框。由图可知，该对话框中可以对捕捉和栅格、极轴追踪、对象捕捉、三维对象捕捉、动态输入、快捷特性、选择循环等分别进行设置。下面介绍最常用的极轴追踪和对象捕捉设置。

图 1-18　"草图设置"对话框

1. 极轴追踪

极轴追踪是 AutoCAD 中作图时可以沿某一角度追踪的功能。可用快捷键【F10】打开或关闭极轴追踪功能。（AutoCAD 中有很多快捷键，使用快捷键可加快绘图速度，常用快捷键见附录 A）。如图 1-19 所示，AutoCAD 中默认选中"启用极轴追踪"复选框，增量角是 90°。可以选择或者输入其他增量角。使用极轴追踪时要确保极轴处于开启状态（蓝色为开启状态），如图 1-20 所示。

图 1-19　"极轴追踪"选项卡

图 1-20　极轴追踪打开

2. 对象捕捉

对象捕捉是将指定点限制在现有对象的确切位置上,可以迅速定位对象上的精确位置。如图 1-21 所示,AutoCAD 中默认选中"启用对象捕捉"和"启用对象捕捉追踪"复选框,选中端点、圆心、交点、延长线、垂足等。如果绘图时需要捕捉到中点或者其他点,选中相应复选框然后单击"确定"按钮即可。若需要捕捉到用"点"命令绘制的各点,需要选中"节点"复选框。

单击左下角的"选项"按钮,可打开图 1-4 所示的"选项"对话框进行相关设置。

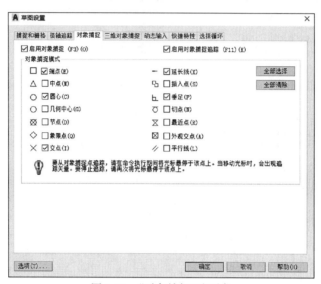

图 1-21 "对象捕捉"选项卡

1.2.5 鼠标基本操作和常用功能键

1. 鼠标的操作

(1)指向:鼠标移到某对象上,用于激活对象或显示工具提示信息。

(2)单击:选择对象或按钮。

(3)右击:弹出快捷菜单或帮助提示、属性等。

(4)双击:用较快的速度两次按动左键,用于启动程序或打开窗口。

(5)拖动:选择对象,按住左键并移到指定位置再放开左键,用于滚动条、复制对象等操作。

2. 命令和常用功能键的用法

(1)命令的激活:可以通过命令行、工具栏、下拉菜单、屏幕菜单等多种方式激活命令。

(2)命令的中断、结束与重复:Enter 键、Esc 键、空格键都可以中断或结束当前命令;空格键可以重复上一个命令。

(3)取消操作(undo)、恢复取消的操作(redo)。

(4)命令的输入方法:从工具栏输入、从下拉菜单输入、从键盘输入。

(5)AutoCAD 2021 版命令行调出:工具下拉菜单→命令行,或者快捷键 Ctrl+9。

3. 数据的输入方法

数据输入时有两种参照坐标系:世界坐标系(WCS)和用户坐标系(UCS)。AutoCAD 中默认的是世界坐标系。

(1)绝对直角坐标:x,y,z。图 1-1 左下角为世界坐标系。命令行输入 x、y、z 即相对于世界坐标系的原点 0,0,0 的坐标。

注意:必须在输入法是英文状态时输入坐标的","，中文状态下的","无法识别。

(2)绝对极坐标:距离＜角度。

(3)相对直角坐标:@ dx,dy。

dx,dy 是相对于上一点的 x,y 坐标差。

(4)相对极坐标:@距离＜角度。

(5)方向加距离输入法:用鼠标确定方向后，从键盘输入的数值即为到前一点的距离。当极轴追踪开启时，这种方法可以非常快速地绘制一系列直线。

(6)动态输入法:按照相对直角坐标和相对极坐标的方式输入数据。如图 1-22(a)所示，动态输入开启；如图 1-22(b)所示，绘图区的十字光标右侧出现坐标动态输入框，可以输入 x,y 的坐标值；图 1-22(c)所示为相对极坐标输入方式。

图 1-22　动态输入法

如果绘图比较复杂，需要用到用户坐标系时，在命令行输入 UCS，回车，根据以下提示进行操作:

命令:UCS

当前 UCS 名称:＊世界＊

指定 UCS 的原点或［面(F)/命名(NA)/对象(OB)/上一个(P)/视图(V)/世界(W)/X/Y/Z/Z 轴(ZA)］＜世界＞:

在屏幕上指定新的坐标原点，命令行提示:

指定 X 轴上的点或 ＜接受＞:

指定 XY 平面上的点或 ＜接受＞:

分别指定以后，新的坐标原点设置完成。

图 1-23(a)所示为世界坐标系下的图形，图 1-23(b)所示为执行 UCS 用户坐标系命令将新的坐标放在正方形左下角的显示样式。

图 1-23　世界坐标系与用户坐标系

4. 选择实体的常用方法

(1)直接选择(单选):当光标形状变成拾取框后，移动鼠标直接拾取欲选择的对象即可。

（2）窗口方式：先在屏幕的空白处定一点，然后向右下角移动鼠标，屏幕上显示出一个实线矩形窗口，单击确认窗口的另一个角点，则完全被该窗口包围的实体均被选中（与窗口相交的实体不选中）。

（3）交叉窗口方式：若在确定窗口的第一点后，向左上角移动鼠标，此时屏幕上会显示出一个虚线矩形窗口，单击确认窗口的另一个角点，则完全在该窗口内的实体和与窗口相交的实体都被选中。

5. 特性匹配的应用

在标准工具栏中有一个"特性匹配"按钮 ，可以很方便地改变实体的图层、线型、颜色和线宽。选中源实体，单击特性匹配按钮，十字光标变成刷子，选取目标实体，匹配完成。

6. 调整线型比例

绘图时，会出现虚线、点画线看起来像实线的情况，是线型比例不合适造成的。在命令行输入Ltscale命令，可以改变所有线型的比例。如果只改变某一个线型，需要右击该实体，弹出快捷菜单，如图 1-24(a)所示。选择"特性"命令，打开图 1-24(b)所示对话框，可以修改所选实体（包括线型比例在内）的各种参数。

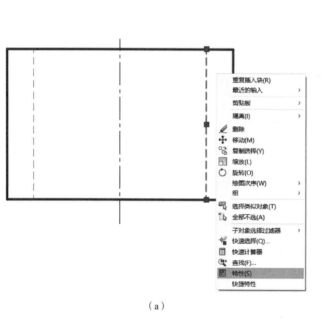

（a） （b）

图 1-24　调整线型比例

1.2.6　显示控制

显示控制用于控制图形在屏幕上的显示范围，同放大镜功能一样。显示控制命令改变的只是图形的显示尺寸，不改变图形的实际尺寸。标准工具栏上的相关按钮如图 1-25 所示。

图 1-25　显示控制按钮

图标用于平移画面，相当于在桌面上移动图纸，单击此按钮，或者在命令行输入 PAN 命令，绘图区内的十字光标变为手形光标，按住鼠标左键可在绘图区内移动

图形。使用此按钮可以在不改变图形显示比例的情况下观察图形的各个部分。

快捷方式：按住鼠标中键滚轮并移动鼠标可以平移画面；向上滚动滚轮，图形以十字光标为中心放大，向下滚动滚轮，图形以十字光标为中心缩小。

注意：有时会遇到滚轮或控制按钮无法改变图形的情况，可以在命令行输入 ZOOM 回车。命令行提示如下：

命令：ZOOM

指定窗口的角点，输入比例因子(nX 或 nXP)，或者

［全部(A)/中心(C)/动态(D)/范围(E)/上一个(P)/比例(S)/窗口(W)/对象(O)]＜实时＞：A

正在重生成模型。

如果图形无法正常显示，如图形中的圆看起来像多边形等，需要利用"视图"菜单中的"重画"或者"重生成"命令，如图 1-26 所示。选择"重画"命令，系统自动刷新当前窗口的图形显示区。选择"全部重生成"命令，系统自动刷新当前窗口所有打开视区中的所有图形。

图 1-26　"视图"菜单

1.2.7　新建与保存文件

1. 新建文件

选择"文件"→"新建"命令，打开图 1-27 所示对话框，可以选择软件中自带的图形样板，样板文件的扩展名为 .dwt。如果自行设计 A3 图纸框，也可以存储为样板文件供后期调用。

图 1-27　"选择样板"对话框

2. 保存文件

选择"文件"→"保存"命令或者单击 ■ 按钮，可以快速保存正在编辑的文件。如果当前文件没有命名，系统将打开图 1-28 所示的对话框。选择合适的文件夹，输入新的文件名，单击"保存"按钮即可。图形文件后缀名为 .dwg。如果需要保存成更低版本的文件，需要点击文件类型右侧的下拉箭头选择文件版本。也可以保存为 ＊.dwt 样板文件、＊.dws 图形标准文件或者 ＊.dxf 图形交换文件。

注意：绘图后保存的文件扩展名为 .dwg，也会有一个 .bak 备份文件，如果 .dwg 文件不慎丢失，可以尝试将 .bak 备份文件的后缀名改为 .dwg 对图形进行恢复。

图 1-28　保存文件

习　题

一、单选题

1. AutoCAD 中的图形文件扩展名是(　　)。
   A. .dwt　　　　　　B. .dwg　　　　　　C. .jpg　　　　　　D. .dwf

2. AutoCAD 绘图区所有的点画线看起来都像细实线,用(　　)命令可以快速调整。
   A. INSERT　　　　B. OP　　　　　　C. LINETYPE　　　D. LTSCALE

3. 在 CAD 中,拖动工作空间窗口可通过(　　)方式实现。
   A. 利用 Ctrl+P 键　　　　　　　　B. 利用 Shift+P 键
   C. 按住鼠标中键拖动　　　　　　　D. 滚动鼠标中键移动

4. 用(　　)命令可以设置图形界限。
   A. SCALE　　　　　B. EXTEND　　　C. LIMITS　　　　D. LAYER

5. 以下(　　)操作用于移动视图。
   A. ZOOM/W　　　B. PAN　　　　　C. ZOOM　　　　D. ZOOM/A

6. 选中对象后,按下键盘上的(　　)键也可删除所选对象。
   A. Ctrl　　　　　　B. Alt　　　　　　C. Shift　　　　　D. Delete

7. 在命令行输入相对坐标时,必须在坐标值前加(　　)符号。
   A. "#"　　　　　　B. "*"　　　　　　C. "@"　　　　　D. "%"

8. (　　)命令可以打开"选项"对话框。
   A. ap　　　　　　B. ape　　　　　　C. op　　　　　　D. do

二、多选题

1. AutoCAD 软件中结束当前命令可以用(　　)。
   A. 空格键　　　　　B. Esc 键　　　　C. 回车　　　　　D. 鼠标右键

2. AutoCAD 中有(　　)坐标系。

A. 世界坐标系　　B. 相对坐标系　　　C. 用户坐标系　　　D. 平面坐标系

3. 选择实体的常用方法有(　　)。

A. 直接选取　　　B. 窗口选取　　　C. 交叉窗口选取　　D. 语音输入选取

4. 对象捕捉模式中包括(　　)。

A. 中点　　　　　B. 节点　　　　　C. 最近点　　　　　D. 几何中心

5. 不可删除的图层有(　　)。

A. 0 层　　　　　B. Defpoints 图层　　C. 当前图层

D. 包含对象的图层　　　　E. 依赖外部参照的图层

三、简答题

1. 简述将 AutoCAD 绘图背景由黑色改为白色的设置过程。

2. 用 AutoCAD 2021 版绘制的图形如何在 AutoCAD 2010 版本中打开?

3. 当遇到工具栏、下拉菜单、标准工具栏等意外消失时,如何操作进行恢复?

4. 绘图前为什么要进行图层设置?

5. 冻结图层和关闭图层的区别是什么?

6. ＊.bak 备份文件有什么作用?

四、上机操作题

1. 按照表 1-1 设置 A3 绘图环境中的图层。

表 1-1　图层设置

状态	图层名	开关	冻结	锁定	颜色	线型	线宽	打印
置为当前	粗实线	开	不冻结	不锁定	深蓝色	Continuous	0.5	可打印
默认	中实线	开	不冻结	不锁定	洋红	Continuous	0.35	可打印
默认	细实线	开	不冻结	不锁定	绿色	Continuous	0.2	可打印
默认	细虚线	开	不冻结	不锁定	浅蓝色	DASHED	0.2	可打印
默认	点画线	开	不冻结	不锁定	红色	CENTER	0.2	可打印
默认	文字	开	不冻结	不锁定	黑色	Continuous	0.2	可打印

2. 在第 1 题的绘制环境中绘制 A3 图框,外框为细实线,内框为粗实线,尺寸如图 1-29 所示。将文件保存为 GB-A3.dwt。

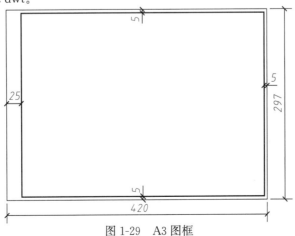

图 1-29　A3 图框

第2章 基本绘图命令

学习过第1章绘图基础以后,就可以着手绘制图样。工程图样中组成图形的元素有直线、矩形、圆、圆弧等,这些元素都可以通过执行二维绘图基础命令来实现。

2.1 基本绘图命令工具栏

AutoCAD经典空间下的二维绘图命令工具栏如图2-1所示。

图2-1 二维绘图命令工具栏

草图与注释工作空间下的绘图命令工具栏如图2-2所示。

AutoCAD的工具栏并没有显示所有可用命令,在需要时用户可以自行添加。例如,绘图工具栏中默认没有多线命令(MLINE),添加过程如下:选择"视图"→"工具栏"→"命令"选项,搜索"多线",用鼠标左键按住搜索出来的"多线"并拖动,在绘图工具栏适当位置松开鼠标左键,"多线"命令添加完成,结果如图2-3所示。如果不再需要该命令,可在绘图工具栏处用鼠标左键按住该命令拖出去,会弹出询问"是否删除"对话框,选择删除即可。

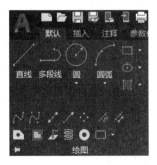

图2-2 草图与注释工作空间下的绘图命令工具栏

图2-3 给绘图工具栏添加新命令

2.2　常用的二维绘图命令

2.2.1　直线类

1. 直线(line)

直线用于绘制直线段。例如,要画一条起点坐标为(0,0)、终点坐标为(50,50)的直线,可执行直线命令,按照命令提示行进行以下操作。

命令:LINE

指定第一个点:0,0 回车

指定下一点或［放弃(U)］:50,50 回车

指定下一点或［放弃(U)］:回车

以上是根据世界坐标系指定起点和终点坐标绘制直线。实际操作中方法灵活多样,将状态栏中的极轴追踪、对象捕捉、动态输入打开可以提高画图效率。

【例 2-1】　用直线命令绘制图 2-4,不标尺寸。

分析:此图内部斜线没有长度定形尺寸,只有角度这一定位尺寸,因此需要先绘制外部正方形,用极轴追踪和对象捕捉功能辅助绘图。

绘图过程:

第一步,设置极轴追踪角为 30°,勾选对象捕捉模式中的"端点"、"中点"、"交点"和"垂足",如图 2-5 所示。

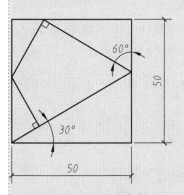

图 2-4　直线绘图命令

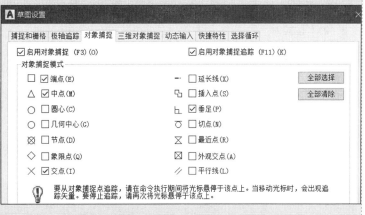

图 2-5　对象捕捉模式设置

第二步,执行直线"L"命令,在绘图区适当位置点取起点,然后鼠标水平右移至水平追踪线出现时输入 50,正方形下方直线绘制完成。继续在追踪状态下绘制其他三条边。如果直线命令结束,需要重复直线命令,可以按空格键。

第三步,继续执行直线命令,以正方形左下角为起点,鼠标向右上移动,当 30°追踪线出现时,鼠标继续移动与正方形右边相交,出现交点提示时单击"确定"按钮即可。以同样方式绘制 60°角斜线。

第四步,继续执行直线命令,以 60°角斜线的左端点为起点,鼠标向左下方移动,当出现与60°角斜线的垂足追踪提示时,继续向左下方移动,与正方形左边相交,单击确定即可。同样可绘制出与 30°斜线垂直的内部斜线。

2. 构造线（xline）

构造线用于绘制无限长的直线。例如，画一条水平构造线，执行 XLINE 命令，按照命令提示行进行以下操作。

命令：_XLINE 回车

指定点或 [水平(H)/垂直(V)/角度(A)/二等分(B)/偏移(O)]：H 回车

指定通过点：在屏幕上指定

输入 V、A、B 等可分别绘制垂直线、角度线、二等分线和偏移等。

构造线可用来做三视图三等关系的提示线，随着版本提升，CAD 的追踪功能日益强大，构造线使用频率有所下降。

3. 多段线（pline）

多段线用于绘制包含直线和圆弧的图形块。例如，画出图 2-6 所示长腰圆形。执行 PLINE 命令，按照命令行提示进行以下操作。

图 2-6 长腰圆形

命令：_PLINE

指定起点：屏幕指定，回车

当前线宽为 0.0000

指定下一个点或 [圆弧(A)/半宽(H)/长度(L)/放弃(U)/宽度(W)]：屏幕指定，回车

指定下一点或 [圆弧(A)/闭合(C)/半宽(H)/长度(L)/放弃(U)/宽度(W)]：A 回车

指定圆弧的端点（按住 Ctrl 键以切换方向）或

[角度(A)/圆心(CE)/闭合(CL)/方向(D)/半宽(H)/直线(L)/半径(R)/第二个点(S)/放弃(U)/宽度(W)]：屏幕指定，回车

指定圆弧的端点（按住 Ctrl 键以切换方向）或

[角度(A)/圆心(CE)/闭合(CL)/方向(D)/半宽(H)/直线(L)/半径(R)/第二个点(S)/放弃(U)/宽度(W)]：L 回车

指定下一点或 [圆弧(A)/闭合(C)/半宽(H)/长度(L)/放弃(U)/宽度(W)]：屏幕指定，回车

指定下一点或 [圆弧(A)/闭合(C)/半宽(H)/长度(L)/放弃(U)/宽度(W)]：A 回车

指定圆弧的端点（按住 Ctrl 键以切换方向）或

[角度(A)/圆心(CE)/闭合(CL)/方向(D)/半宽(H)/直线(L)/半径(R)/第二个点(S)/放弃(U)/宽度(W)]：屏幕指定，回车

指定圆弧的端点（按住 Ctrl 键以切换方向）或

[角度(A)/圆心(CE)/闭合(CL)/方向(D)/半宽(H)/直线(L)/半径(R)/第二个点(S)/放弃(U)/宽度(W)]：屏幕指定，回车

输入 H、W 等选项可以绘制其他类型的多段线，读者可以自行练习。

【例 2-2】 用多段线命令绘制图 2-7，不标尺寸。

分析：由图可知此图为封闭图形，中心线提示此图左右对称，因此未标注尺寸可以根据其他已知尺寸推算。可利用极轴追踪和动态输入辅助，从左下角开始顺次绘制。

绘图过程：执行多段线（PLINE）命令，在绘图区适当位置点取第一点，鼠标右移，出现水平追踪线时输入 80，单击确定；继续向竖直方向追踪并输入 30，

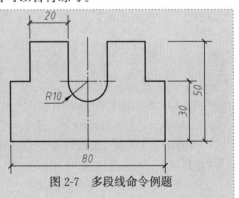

图 2-7 多段线命令例题

向左追踪输入 10,向上追踪输入 20,继续向左追踪输入 20,向下追踪输入 20;命令行输入 a,执行圆弧命令,鼠标水平向左追踪并输入 20,圆弧绘制完成;命令行输入 l,换回直线状态,向上追踪并输入 20,向左追踪并输入 20,向下追踪并输入 20,向左追踪并输入 10,然后命令行输入 c 绘制封闭图形即可。

4. 多线命令绘图与修改

绘制多线之前,可以先设置一下多线样式。选择"格式"→"多线样式"命令,打开"多线样式"对话框,如图 2-8 所示。单击"修改"按钮,打开图 2-9 所示对话框,可对当前样式"20"的封口、填充、显示连接、图元四项内容进行修改。

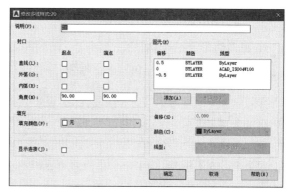

图 2-8 "多线样式"对话框   图 2-9 "修改多线样式"对话框

多线命令用于绘制建筑平面图中的墙体。执行 _MLINE 命令,按照命令行提示进行以下操作。

命令:_MLINE
当前设置:对正 = 上,比例 = 20.00,样式 = STANDARD
指定起点或 [对正(J)/比例(S)/样式(ST)]:J 回车
输入对正类型 [上(T)/无(Z)/下(B)] <上>:Z 回车
当前设置:对正 = 无,比例 = 20.00,样式 = STANDARD
指定起点或 [对正(J)/比例(S)/样式(ST)]:S 回车
输入多线比例 <20.00>:240 回车
当前设置:对正 = 无,比例 = 240.00,样式 = STANDARD
指定起点或 [对正(J)/比例(S)/样式(ST)]:在屏幕上指定起点

因为默认的多线样式中线间距为 1,以上过程绘制的多线间距为 240。

用多线命令绘图之后需要编辑时,可以选择"修改"→"对象"→"多线"命令进行修改,如图 2-10 所示。多线编辑工具如图 2-11 所示。

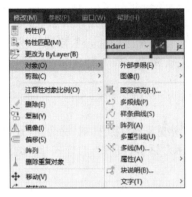

图 2-10　多线图形修改途径　　　　　　图 2-11　多线编辑工具

2.2.2　多边形类

1. 正多边形（polygon）

执行 POLYGON 命令，按照命令提示行进行以下操作。

命令:_POLYGON 输入侧面数 <4>:6 回车

指定正多边形的中心点或 [边(E)]:屏幕指定,回车

输入选项 [内接于圆(I)/外切于圆(C)] <I>:回车

指定圆的半径:50 回车

以上命令执行完毕,画出一个半径为 50mm 的正六边形。

【例 2-3】 绘制图 2-12 所示的图形,不标尺寸。

分析:图中有 7 个正六边形,内部正六边形是φ20 圆的内接正多边形,外部 6 个正六边形与内部正六边形顶点共点。利用修改命令中的复制或者阵列都可以画出。没学过修改命令的情况下,需要利用正六边形所共有的 6 个正三角形绘制。

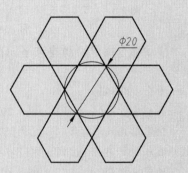

图 2-12　正多边形例题

绘图过程:

第一步,在细实线图层下执行圆命令,输入半径 10,绘出φ20 细实线圆。

第二步,执行正多边形命令,输入边数为 6,指定φ20 圆的圆心为正六边形的圆心,选择内接模式,绘出内部正六边形。

第三步,空格键重复上一个命令,输入边数为 3 回车,再输入 E,指定内部六边形的一条边作为正三角形的边,绘出一个正三角形。依次绘出其余 5 个正三角形。

第四步,空格键重复上一个命令,输入边数为 6 回车,再输入 E,指定正三角形的边作为外部六边形的一条边,绘出一个正六边形。依次绘出其余 5 个正六边形。注意:指定边时的端点选取顺序会影响正六边形的位置。

2. 矩形（rectang）

执行 RECTANG 命令,按照命令提示行进行以下操作。

命令:_RECTANG

指定第一个角点或[倒角(C)/标高(E)/圆角(F)/厚度(T)/宽度(W)]:屏幕指定,回车

指定另一个角点或[面积(A)/尺寸(D)/旋转(R)]:屏幕指定,回车

以上命令执行完毕,画出一个屏幕指定边长的矩形。

空格键重复上一个命令。

命令:RECTANG

指定第一个角点或[倒角(C)/标高(E)/圆角(F)/厚度(T)/宽度(W)]:C 回车

指定矩形的第一个倒角距离<0.0000>:5 回车

指定矩形的第二个倒角距离<5.0000>:回车

指定第一个角点或[倒角(C)/标高(E)/圆角(F)/厚度(T)/宽度(W)]:屏幕指定,回车

指定另一个角点或[面积(A)/尺寸(D)/旋转(R)]:屏幕指定,回车

以上命令执行完毕,画出一个屏幕指定边长的倒角为 5 的矩形。还可以输入 E、F、T、W 等绘制其他矩形。

【例 2-4】 绘制图 2-13 所示的图形,线宽为 1mm,不标尺寸。

分析:图中有 5 个倒角为 5 的矩形,矩形尺寸是 30mm×20mm。由于矩形绘制时是以左下角点向右上角绘制,第一个矩形绘制完成后,其他矩形需要用到前一个矩形的长边和宽边的中点作为起始点,或者以已知矩形的角点为起始点。

绘图过程:

第一步,执行矩形命令,输入 W,设置线宽为 1;重复矩形命令,输入 C,设置倒角长度和宽度尺寸均为 5;重复矩形命令,在屏幕适当位置点取左下角点,然后输入相对坐标@30,20,回车,得到左下角第一个矩形。

第二步,重复上一个矩形命令,利用对象捕捉追踪功能指定第一个矩形的长边和宽边中点相交处为矩形起点,然后输入相对坐标@30,20,回车,得到内部的矩形。

第三步,重复上一个矩形命令,指定已知矩形的对应参照点为矩形起点,然后输入相对坐标@30,20,回车,依次得到其他矩形。

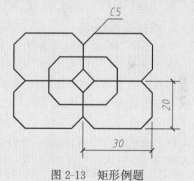

图 2-13　矩形例题

2.2.3　圆弧类

1. 绘制圆（circle）

输入 CIRCLE,按照命令提示行进行以下操作。

命令:_CIRCLE

指定圆的圆心或[三点(3P)/两点(2P)/切点、切点、半径(T)]:

指定圆的半径或[直径(D)]:50

以上命令执行完毕,绘制出一个半径为 50 的圆。按空格键,重复上一个命令。

命令:CIRCLE

指定圆的圆心或［三点（3P）/两点（2P）/切点、切点、半径（T）］：3P 回车

指定圆上的第一个点：屏幕指定，回车

指定圆上的第二个点：屏幕指定，回车

指定圆上的第三个点：屏幕指定，回车

以上命令执行完毕，画出一个任意半径的圆。还可以输入 2P、T 等绘制圆。

【例 2-5】 用圆命令绘制图 2-14，不标尺寸。

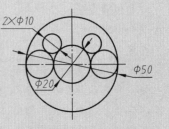

图 2-14　圆命令例题

分析：图中有 6 个圆，φ50 和 φ20 是定形尺寸和定位尺寸均已知的已知圆，可用输入半径的办法画出；2×φ10 是连接圆，可用 T 方式画出；左右两个小圆未给定形尺寸，定位在中心线上，并与 φ50 和 φ20 两个圆相切，可以用"2P"方式配合对象捕捉绘制。

绘图过程：

第一步，用直线命令绘制两个互相垂直且长为 56 的中心线。

第二步，执行圆命令 circle，圆心捕捉到中心线交点处，输入半径 25 回车，大圆绘制完成。空格键重复上一个命令，继续绘制出 φ20 的圆。已知圆绘制完成。

第三步，用空格键重复上一个圆命令，命令行输入 2P 回车，对象捕捉到 φ50 和 φ20 与水平中心线的交点，作为圆的直径端点，可分别绘制出左右两个圆。

第四步，用空格键重复上一个圆命令，命令行输入 T 回车，根据屏幕提示在 φ20 圆上适当位置点取一个切点，再在左侧小圆上适当位置点取第二个切点，然后在命令行输入 5 回车，左上方的 φ10 圆绘制完成。同理，可绘制出右侧 φ10 圆。

2. 绘制圆弧（arc）

执行 ARC 命令，按照命令提示行进行以下操作。

命令：ARC

指定圆弧的起点或［圆心（C）］：屏幕指定，回车

指定圆弧的第二个点或［圆心（C）/端点（E）］：屏幕指定，回车

指定圆弧的端点：屏幕指定，回车

以上命令执行完毕，画出一个任意半径的圆弧。还可以输入 C、E 绘制圆弧。

【例 2-6】 绘制图 2-15 所示建筑平面图中的门图例符号。

分析：图中粗实线表示 240mm 厚的墙体局部，长度方向在适当位置用双折线省略。门洞宽 900mm，门的开启方向为逆时针 45°。圆弧可用"圆心"方式绘制。

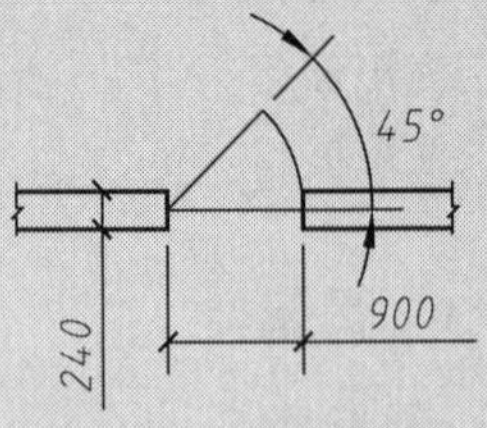

绘图过程：

第一步，分别在粗实线和细实线图层下按照 1：1 比例绘制出墙体和折断线。

图 2-15　门图例符号

第二步，将极轴追踪角设置为 45°，以左墙体右边线的中点为起点绘制一条长为 900mm 的 45°细实线。

第三步，执行圆弧命令，选择"圆心"C 方式，指定左墙体右边线的中点为圆弧的圆心，右墙体左边线的中点为圆弧的起点，指定 45°斜线右端点为圆弧的终点，绘制完成。

注意：门的投影线应与门洞尺寸相同，否则门无法完全闭合。

3. 绘制椭圆（ellipse）

执行 ELLIPSE 命令，按照命令提示行进行以下操作。

命令：_ELLIPSE 回车

指定椭圆的轴端点或［圆弧(A)/中心点(C)］：屏幕指定，回车

指定轴的另一个端点：屏幕指定，回车

指定另一条半轴长度或［旋转(R)］：屏幕指定，回车

如果屏幕上有长轴和短轴，以上命令执行完毕，画出一个确定尺寸的椭圆。还可以输入 A、C 绘制其他椭圆。

【例 2-7】　绘制图 2-16 所示的图形，不标尺寸。

分析：由图 2-16 可知，8 个椭圆的长轴是 25，短轴是 16，360°均布。可利用椭圆的长轴和短轴端点绘制。

绘图过程：

第一步，将极轴追踪角设置为 45°，绘制 8 条长度为 25mm 的均布细实线。

第二步，执行椭圆命令，指定右侧水平线段的端点为长轴端点，在垂直方向输入短轴半径为 8，可绘制出右侧椭圆。依次可绘制出其他椭圆。

绘制时注意图形的图层变化。绘出一个椭圆之后，利用第 3 章中的阵列命令绘图效率更高。

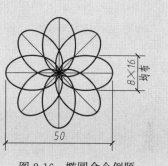

图 2-16　椭圆命令例题

4. 绘制椭圆弧（ellipse）

执行 ELLIPSE 命令，按照命令提示行进行以下操作。

命令：_ELLIPSE

指定椭圆弧的轴端点或［中心点(C)］：屏幕指定，回车

指定轴的另一个端点：屏幕指定，回车

指定另一条半轴长度或［旋转(R)］：屏幕指定，回车

指定起点角度或［参数(P)］：屏幕指定，回车

指定端点角度或［参数(P)/夹角(I)］：屏幕指定，回车

以上命令执行完毕，画出一个根据屏幕确定尺寸的椭圆弧。

【例 2-8】　绘制图 2-17 所示的图形，不标尺寸。

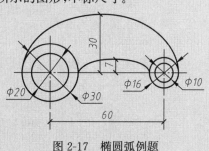

图 2-17　椭圆弧例题

分析:由图可知,左右 4 个圆为已知圆,两个椭圆弧的短轴尺寸已知,长轴端点位置已知,可以先用圆命令确定 4 个圆,再用椭圆弧命令确定 2 个椭圆弧。

绘图过程:

第一步,在中心线图层下,执行直线命令绘制三条对称中心线。

第二步,执行圆命令,圆心捕捉在左侧横竖中心线相交处,半径输入 15,绘出ϕ30 的圆;利用空格键重复圆命令,依次绘出ϕ20、ϕ16 和ϕ10 这 3 个圆。

第三步,执行椭圆弧命令,长轴端点分别点取ϕ30 右边、ϕ16 左边与水平中心线的交点;极轴提示高度时输入 7;椭圆弧的起始角为 0°,终止角为 180°,则椭圆弧从右向左逆时针绘制。

第四步,空格键重复上一个命令,长轴端点分别点取ϕ30 左边、ϕ16 右边与水平中心线的交点;极轴提示高度时输入 30;椭圆弧的起始角为 0°,终止角为 180°,则椭圆弧从右向左逆时针绘制。

2.2.4 点

1. 点样式

执行点的绘图命令之前,需要先设置一下点样式。选择"格式"→"点样式"命令,打开图 2-18 所示对话框。如果选择第一种或者第二种样式,绘出点以后不用捕捉时难以用肉眼识别。可根据图样情况选择合适的点样式。这里选择的是第二行第四个样式,点大小是 5%。

2. 点的绘图命令

点的绘图命令有单点、多点、定数等分、定距等分。

图 2-19 所示为执行单点命令绘制的北斗星示意图。图 2-20 中,执行定数等分将圆分为 10 等分,执行定距等分命令将 50mm 的直线分为 5 等分。

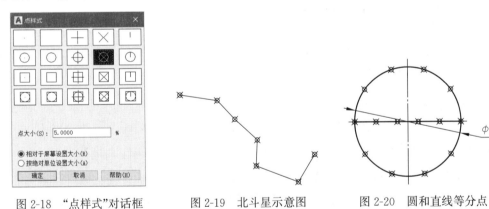

图 2-18 "点样式"对话框   图 2-19 北斗星示意图   图 2-20 圆和直线等分点

注意:应用对象捕捉时,需要选中"节点"复选框才能捕捉到点,如图 2-21 所示。

2.2.5 文本输入

文本的输入方式分为"单行文本(TEXT)"输入和"多行文本(MTEXT)"输入。

1. 单行文本

执行 TEXT 命令,按照命令提示行进行以下操作。

命令:TEXT

当前文字样式:"Standard" 文字高度:2.5000 注释性:否 对正:左

图 2-21　对象捕捉勾选节点

指定文字的起点 或 [对正(J)/样式(S)]：屏幕指定
指定高度 ＜2.5000＞：回车
指定文字的旋转角度 ＜270＞：0 回车
在屏幕上输入文字即可。

2. 多行文本

执行 MTEXT 命令，按照命令提示行进行以下操作。
命令：_MTEXT
当前文字样式："Standard"　文字高度：350　注释性：否
指定第一角点：屏幕指定
指定对角点或 [高度(H)/对正(J)/行距(L)/旋转(R)/样式(S)/宽度(W)/栏(C)]：屏幕指定
在屏幕上弹出"文字格式"栏，如图 2-22 所示。在文本格式栏中可以修改当前文字样式、字体、字号、对齐样式、段落等内容。AutoCAD 草图与注释工作空间下的文字编辑器如图 2-23 所示。

图 2-22　AutoCAD 经典工作空间下的文字格式

图 2-23　AutoCAD 草图与注释工作空间下的文字编辑器

3. 常用的控制码

一些特殊字符不能在键盘上直接输入，AutoCAD 中可以用控制码实现。常用的控制码如下：％％d 表示"°"，如"％％d45"表示"45°"；％％p 表示"±"，如"％％p 0.01"表示"±0.01"；％％c表示"φ"，如"％％c40"表示"φ40"。

在图 2-22 中单击 @▾ 按钮,可调出更多控制码,如图 2-24 所示。

4. 文字堆叠

在机械类的公差与配合中尺寸标注时经常会用到文字堆叠功能。如图 2-25 所示,φ25 和φ20 尺寸均带有上下极限偏差,标注尺寸时需要修改尺寸数字。

φ25 尺寸,在多行文本框中输入"％％c25－0.028^－0.041",然后选中"－2.028^－0.041",图 2-22 中的 🔀 堆叠按钮会被激活,单击该按钮,文字堆叠完成。

φ20 尺寸,在多行文本框中输入"％％c20＋0.021^ 0",然后选中"＋0.021^ 0",单击 🔀 按钮,文字堆叠完成。

注意:^是 Shift＋6 组合键,0 前需要加一个空格才能保证和 0.021 的个位 0 对正,否则会对应到"＋"号。

5. 文字样式及注释性

选择"格式"→"文字样式"命令,打开图 2-26 所示"文字样式"对话框。当图纸中需要不同的文字样式时,可以通过修改对话框中文字的字体、样式、注释性、字高、宽度因子、是否颠倒与反向等来改变字体。当打开的外部图形文字显示为"?"时,可以通过图

图 2-24 控制码

2-26 更换文字样式,或者在 AutoCAD 安装目录下的 fonts 文件夹中添加新的字体样式。

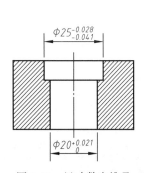

图 2-25 尺寸数字堆叠

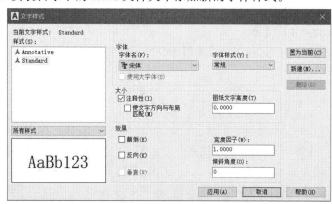

图 2-26 文字样式对话框

当同样的文字、标注或图例同时出现在不同比例的视口中时,打印出图时显示不太合适。给文字、标注等图形设置好注释性比例后,在出图时调整一下模型空间或布局空间视口的注释比例(见图 1-17),已设置 CAD 注释性的文字、标注等图形便会自动按比例调整。图 2-27(a)所示为 3.5 号宋体字未在图 2-26 中选中"注释性"复选框时的显示状态,图 2-27(b)为选中"注释性"复选框后插入 3.5 号字并调整比例为 1:2 时的显示状态。由图可知,字号未变而字体显示放大到 2 倍。

(a)　　　　　　　　　　　(b)

图 2-27 文字注释性

习 题

一、单选题

1. 当使用 LINE 命令封闭多边形时,最快的方法是( )。
   A. 输入 C 回车　　　　　　　　　　　B. 输入 B 回车
   C. 输入 PLOT 回车　　　　　　　　　D. 输入 DRAW 回车

2. CIRCLE(圆)命令中的 TTR 选项是指用( )方式画圆弧。
   A. 端点、端点、直径　　　　　　　　B. 端点、端点、半径
   C. 切点、切点、直径　　　　　　　　D. 切点、切点、半径

3. 用 TEXT(单行文本)命令标注角度符号时应用( )。
   A. %%C　　　　　B. %%D　　　　　C. %%P　　　　　D. %%U

4. 用 PLINE(多段线)命令画出一矩形,该矩形中有( )个图元实体。
   A. 1 个　　　　　B. 4 个　　　　　C. 不一定　　　　　D. 5 个

5. 若要在文字中插入"±"符号,则在标注文字时,应输入该符号的( )代码。
   A. %%W　　　　　B. %%D　　　　　C. %%P　　　　　D. %%%

6. ( )命令可以绘制直线和圆的复合体。
   A. pline　　　　　B. L　　　　　C. C　　　　　D. arc

7. "°"的控制码是( )
   A. %%D　　　　　B. %%P　　　　　C. %%C　　　　　D. %%F

8. 绘制直线的快捷命令是( )。
   A. C　　　　　B. L　　　　　C. PL　　　　　D. Z

9. 点绘制完成后看不见,用( )方法调整。
   A. 将点放大　　　B. 修改点的显示样式　　C. 打开栅格　　　D. 修改颜色

10. 文字注释性勾选以后,注释性比例选择为 1∶100,则插入的文字与设置的字号相比( )。
    A. 放大到 100 倍　　B. 缩小为 0.01 倍　　C. 放大到 10 倍　　D. 不变

二、多选题

1. 绘制圆弧的选项有( )。
   A. 起点、圆心、终点　　B. 起点、圆心、方向
   C. 圆心、起点、长度　　D. 起点、终点、半径

2. 绘制正多边形时的可选项有( )。
   A. 通过圆心　　　B. 内接于圆　　　C. 内切于圆　　　D. 外接于圆

3. 点的绘图命令有( )。
   A. 单点　　　　　B. 多点　　　　　C. 定数等分　　　D. 定距等分

4. 点的输入方式有( )。
   A. 单行文本　　　B. 双行文本　　　C. 多行文本　　　D. 文字块

5. 常用的控制码有( )。
   A. %%D　　　　　B. %%P　　　　　C. %%C　　　　　D. %%M

三、简答题

1. 叙述当文字显示为"?"时的设置过程。

2. 叙述 $\phi25^{-0.028}_{-0.041}$ 的输入步骤。

3. 绘制图 2-28 需要用到哪些绘图命令?

4. 多线的对正样式有哪些?

四、上机操作题

1. 在第 1 章绘制的 GB-A3 绘图环境中按照 1:1 绘制图 2-28~图 2-30,不标尺寸,保存的文件名为"学号+姓名+二维绘图练习 1.dwg"。

2. 在第 1 章绘制的 GB-A3 绘图环境中按照 1:1 绘制图 2-31、图 2-32,不标尺寸,保存的文件名为"学号+姓名+二维绘图练习 2.dwg"。

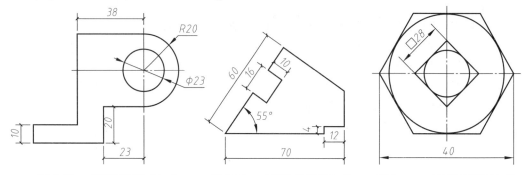

图 2-28　二维绘图练习(一)　　图 2-29　二维绘图练习(二)　　图 2-30　二维绘图练习(三)

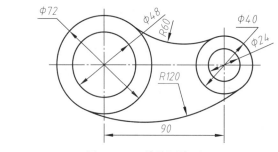

图 2-31　二维绘图练习(四)

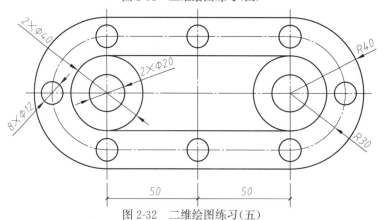

图 2-32　二维绘图练习(五)

3. 参考图 2-33 中所示尺寸按照 1:1 绘制主视图和俯视图,补画左视图,不标尺寸,绘图框自定。

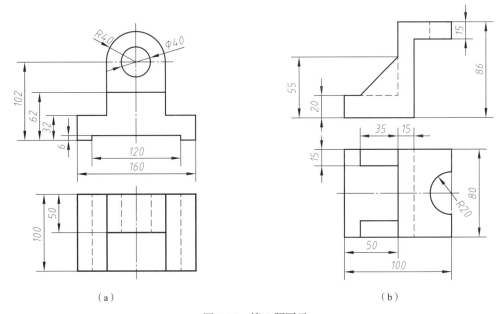

（a）　　　　　　　　　　　　　　（b）

图 2-33　第 3 题图示

第 3 章 基本修改命令

执行二维绘图命令绘制图样时,经常需要对图线进行编辑,以使其达到想要的绘制结果,删除、复制、镜像、阵列等都属于二维基本修改命令。

3.1 基本修改命令工具栏

AutoCAD 经典工作空间下的二维修改命令工具栏如图 3-1 所示。

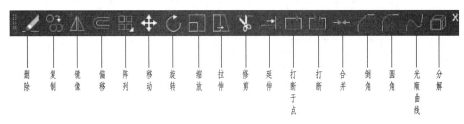

图 3-1 二维修改命令工具栏

AutoCAD 草图与注释工作空间下的修改命令工具栏如图 3-2 所示。

视频

基本修改
命令工具栏

图 3-2 AutoCAD 草图与注释工作空间下的修改命令

3.2 常用的二维修改命令

视频

常用的二维
修改命令

1. 删除(erase)

启动 ERASE 命令后选择要删除的实体,然后右击或回车可完成删除操作。前面提到,选择实体的方式有多种:点选、窗口选、交叉窗口选,点选可以删除一个实体,窗口选取或者交叉窗口选取可以删除多个实体。

2. 复制(copy)

用于复制图形实体,操作时需要提供复制基点和位移量。有基点法和相对位移法。按照命令行提示进行如下操作。

命令：_COPY

选择对象：找到 1 个(屏幕选取)

选择对象：

当前设置：复制模式 = 多个

指定基点或 [位移(D)/模式(O)]＜位移＞：屏幕指定

指定第二个点或 [阵列(A)]＜使用第一个点作为位移＞：30(向右追踪)回车

指定第二个点或 [阵列(A)/退出(E)/放弃(U)]＜退出＞：回车

执行以上命令后，复制的实体在源实体右侧 30mm 处。

执行模式(O)可以选择复制单个还是多个实体。

图 3-3 所示为长方形向上复制以后得到的结果。继续执行复制命令，选中 2 个长方形，指定下面长方形的左下角点，在提示"指定第二点或 [阵列(A)]"时输入 A,命令行会提示阵列数量，输入 3,在动态输入和极轴追踪状态下，鼠标会增加两组长方形，并在屏幕上提示当前极轴数据，如图 3-4 所示。

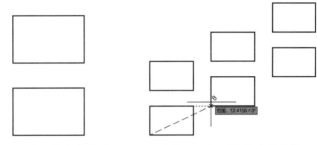

图 3-3　向上复制长方形　　图 3-4　复制中的阵列功能

注意：低版本中的复制命令没有阵列功能。

3. 镜像(mirror)

MIRROR 命令用于对选定的图形对象进行对称(镜像)变换。执行命令时，将提示用户选择对象并指定对称轴的位置以及是否要删除源对象。

【例 3-1】将图 3-5(a)镜像为图 3-5(b)。

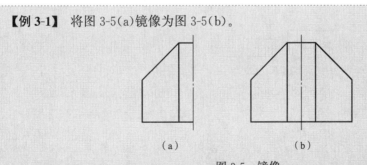

（a）　　　　（b）

图 3-5　镜像

分析：图 3-5(a)有已知图形和对称中心线，利用镜像命令选择粗实线，再选择对称中心线为镜像轴线，不删除源对象。

绘图过程：

命令：_MIRROR

选择对象：指定对角点：(屏幕上窗口选取图(a))找到 6 个，回车选择对象：

指定镜像线的第一点：屏幕上指定中心线的一个点

指定镜像线的第二点：屏幕上指定中心线的第二个点

要删除源对象吗？[是(Y)/否(N)]＜否＞：回车

注意：执行镜像命令时文字默认不镜像，如果需要镜像文字，在命令行输入 MIRRTEXT，将默认参数 0 改成 1。

图 3-6 所示为两种镜像结果。

制图┊制图   制图┊图帏

（a）参数为0   （b）参数为1

图 3-6   镜像参数

4. 偏移（offset）

OFFSET 命令可创建其形状与选定对象形状平行的新对象。可偏移圆、圆弧、直线、椭圆、椭圆弧、二维多段线和样条曲线等实体。

【例 3-2】 用多段线绘制图 3-7(a)所示六边形，尺寸自定，并将图 3-7(a)改画成图 3-7(b)，使 3 个六边形间距均为 10mm。

分析：偏移命令只能点选图元，不能窗口选或者交叉窗口选，如果用直线命令绘制图 3-7(a)，向内偏移时需要执行 6 次偏移命令，得到的结果如图 3-8 所示。因此，需要用多段线命令绘制六边形，这样得到的图元是一个图块，执行偏移时可整体偏移。

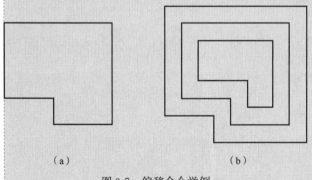

（a）   （b）

图 3-7   偏移命令举例

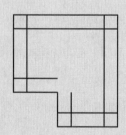

图 3-8   直线命令绘制的图形偏移结果

绘图过程：用多段线命令绘出图 3-7(a)之后，执行偏移命令，输入偏移距离 10，选择图 3-7(a)所示的六边形，向内偏移；重复偏移命令，向外偏移距离为 10。偏移命令执行过程如下：

命令：_OFFSET

当前设置：删除源 = 否   图层 = 源   OFFSETGAPTYPE = 0

指定偏移距离或 [通过(T)/删除(E)/图层(L)]＜通过＞：10 回车

选择要偏移的对象，或 [退出(E)/放弃(U)]＜退出＞：屏幕上选取(a)图

指定要偏移的那一侧上的点，或 [退出(E)/多个(M)/放弃(U)]＜退出＞：指向源图形内部

选择要偏移的对象，或 [退出(E)/放弃(U)]＜退出＞：选取源图形

> 指定要偏移的那一侧上的点,或 [退出(E)/多个(M)/放弃(U)]<退出>:指向源图形外部
> 选择要偏移的对象,或 [退出(E)/放弃(U)]<退出>:回车

偏移命令可以多次重复执行,不需要偏移时可以用回车或者空格键结束当前命令。

图 3-9　阵列图标

5. 阵列(array)

ARRAY 命令用于对选定的图形对象进行有规律的多重复制,从而建立一个矩形、环形或者沿路径方向的阵列。低版本中只有矩形和环形阵列,AutoCAD 2012 以上版本中新增路径阵列。AutoCAD 2021 版中的 3 种阵列图标如图 3-9 所示。

高版本中的阵列命令操作时默认是命令行提示。低版本中的阵列默认弹出对话框。图 3-10 所示为 AutoCAD 2010 版本中的阵列对话框。在图 3-10(a)中,可以设置阵列行数和列数;偏移距离的单位为 mm,需要计算源图形数据,阵列方向可随阵列角度而变化;参数设置完成后可单击右上角的选择对象,到绘图区选择需要阵列的图元,再次确认即可。在图 3-10(b)中,需要先单击中心点右侧的箭头,在绘图区拾取阵列需要的中心点;然后设置阵列数量和填充角度;设置完成后单击右上角的箭头,在绘图区拾取需要阵列的图元,再次确认,阵列完成。

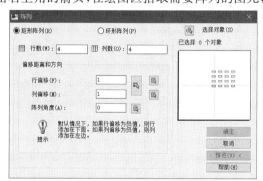
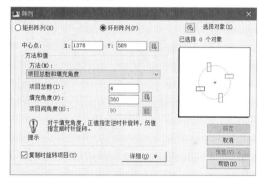

（a）矩形阵列　　　　　　　　　　　　　　　（b）环形阵列

图 3-10　AutoCAD 2010 版本中的"阵列"对话框

高版本中阵列命令操作时默认是命令行提示。若需要打开"阵列"对话框,可以通过以下两种方法操作。方法 1:在命令行输入 ARRAYCLASSIC 后回车,可一次性打开图 3-10(a)所示对话框。方法 2:选择"工具"→"自定义"→"编辑程序参数"命令,如图 3-11 所示。在打开的图 3-12 所示的记事本文件中下翻找到 AR,右侧对应的是"∗ARRAY",将"∗ARRAY"改成 ARRAYCLASSIC,保存该笔记本文件,重启 AutoCAD 软件即可。按照方法 2 设置完成后,以后每次输入 AR 快捷键都会打开图 3-10(a)所示"阵列"对话框。

【例 3-3】　在高版本中阵列 30mm×20mm 的长方形,列间距为 60mm,行间距为 30mm,层间距为 80mm,层数为 3。

分析:先画出 30mm×20mm 的长方形(过程略),用 AutoCAD 2021 版本中的矩形阵列,可以设置层数。

操作过程:

命令:_ARRAYRECT

选择对象:找到 1 个

选择对象:

类型＝矩形　关联＝是

选择夹点以编辑阵列或［关联(AS)/基点(B)/计数(COU)/间距(S)/列数(COL)/行数(R)/层数(L)/退出(X)］＜退出＞:S

指定列之间的距离或［单位单元(U)］＜45＞:60

指定行之间的距离＜20＞:30

选择夹点以编辑阵列或［关联(AS)/基点(B)/计数(COU)/间距(S)/列数(COL)/行数(R)/层数(L)/退出(X)］＜退出＞:COL

输入列数数或［表达式(E)］＜4＞:

指定列数之间的距离或［总计(T)/表达式(E)］＜60＞:

选择夹点以编辑阵列或［关联(AS)/基点(B)/计数(COU)/间距(S)/列数(COL)/行数(R)/层数(L)/退出(X)］＜退出＞:R

输入行数数或［表达式(E)］＜3＞:

指定行数之间的距离或［总计(T)/表达式(E)］＜30＞:

指定行数之间的标高增量或［表达式(E)］＜0＞:

选择夹点以编辑阵列或［关联(AS)/基点(B)/计数(COU)/间距(S)/列数(COL)/行数(R)/层数(L)/退出(X)］＜退出＞:L

输入层数或［表达式(E)］＜1＞:3

指定层之间的距离或［总计(T)/表达式(E)］＜1＞:80

操作完成后,如图 3-11 所示,单击绘图区右上角的 Viewcube 图标(执行矩形阵列时自动出现)左下角,可查看如图 3-12 所示阵列的三维效果。

图 3-11　Viewcube 图标

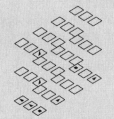

图 3-12　例 3-3 阵列效果

【例 3-4】　绘制图 3-13 所示的图形,不标尺寸。

分析:该图中五边形需要用到环形阵列命令,阵列数量为 6。

绘图过程:

第一步,使用圆命令在不同图层下绘制φ50、φ30 和φ12 的圆,再使用正多边形命令在φ12 圆内绘制内接正五边形。

第二步,选择图 3-9 中的"环形阵列",根据命令提示行指定阵列圆心和阵列所需的五边形即可。

环形阵列也可以得到三维阵列结果,过程略。

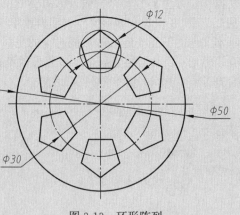

图 3-13　环形阵列

【例 3-5】　绘制图 3-14 所示的图形。

分析:图示为五角星沿 S 形路线阵列,因此需要用到路径阵列。

绘图过程:

第一步,绘制五边形并将对角点连线,利用修剪命令修剪出五角星。

第二步,利用多段线绘制路径,再利用偏移命令输入适当偏移距离。如果利用两次圆弧命令绘制路径的左右两段圆弧,需要用对齐命令 J 将左右两段圆弧连接成一个图元。将五角星移动至圆弧起点。

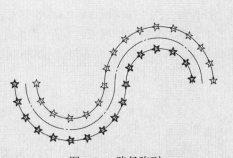

图 3-14　路径阵列

第三步,执行路径阵列,窗选五角星,再选择相应的弧线路径,根据屏幕提示的夹持点拖动可改变五角星阵列的数量。也可以输入项目 I,输入项目间数值,并输入 F 填满路径。

注意:五角星的图层在阵列之前需要给定,阵列之后整个图形是一个图块,分解之前更换图层对图形不起作用。

6. 移动(move)

用于将选定的实体从当前位置平移到一个新的指定位置,有基点法和相对位移法。一般将图元某个特殊点作为基点,通过屏幕指定第二点或者极轴追踪输入数据的方法进行移动操作。

7. 旋转(rotate)

用于将选定的实体旋转一定的角度,也可以旋转复制。图 3-15(a)所示图形可以执行圆、直线、镜像命令绘制;然后执行旋转命令,选中图 3-15(a)中的直线,旋转基点指定为圆心,然后利用旋转中的复制功能,分别输入 70°和−135°可以得到图 3-15(b)。

8. 缩放(scale)

将实体按照指定比例放大或者缩小。缩放命令需要选取缩放的基点,并且有复制功能。如图 3-16(a)所示,将基点选在圆心处,输入小于 1 的比例,可以将大圆复制出一个缩小的同心圆;如图 3-16(b)所示,将基点选在圆周下部,输入小于 1 的比例,可以将大圆复制出一个缩小的内切圆。

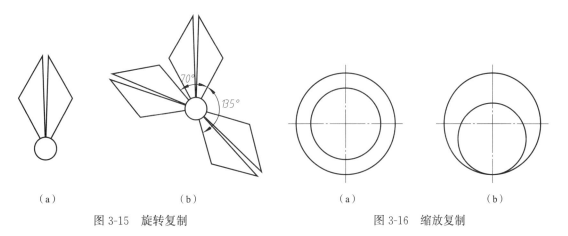

（a）　　　　　　　（b）　　　　　　　　　　　（a）　　　　　　　（b）

图 3-15　旋转复制　　　　　　　　　　图 3-16　缩放复制

9. 拉伸（stretch）

拉伸命令用于拉伸所选定的图形对象。与其他命令不同的是，选择实体时，必须使用交叉窗口方式。如果用窗口选取或者点选，则执行移动动作，达不到拉伸的目的。如图 3-17 所示，使用拉伸命令可以将图 3-17(a)向右拉伸 20，得到图 3-17(b)。操作过程如下：

命令：_STRETCH

以交叉窗口或交叉多边形选择要拉伸的对象…

选择对象：(屏幕上选取)指定对角点：找到 1 个

选择对象：回车

指定基点或[位移(D)]<位移>：屏幕上指定右侧适当位置点

指定第二个点或<使用第一个点作为位移>：20 回车

10. 修剪（trim）

修剪命令是用指定的切割边裁剪所选定的对象。切割边和被裁剪的对象可以是直线、圆弧、圆、多段线和样条曲线等，同一个对象既可以作为切割边，同时也可以作为被裁剪的对象。低版本与高版本的修剪命令操作步骤变化较大，AutoCAD 2021 版本的步骤非常简洁。

【例 3-6】 使用修剪命令将图 3-18(a)改成图 3-18(b)。

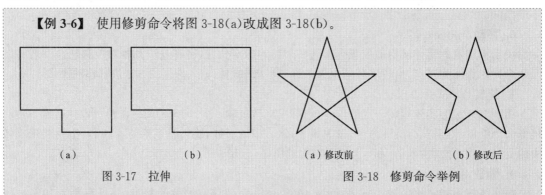

（a）　　　　　　　　（b）　　　　　　　　（a）修改前　　　　　（b）修改后

图 3-17　拉伸　　　　　　　　　　　图 3-18　修剪命令举例

分析：在 AutoCAD 2020 以下版本软件中，需要执行修剪命令，然后选择裁剪边界，再选择裁剪对象。裁剪边界支持多种选择方式和多种图元。

操作过程：

命令：_TRIM

当前设置：投影 = UCS，边 = 无

选择剪切边…

选择对象或<全部选择>：指定对角点：找到 5 个(窗口选取五边形)

选择对象：(右键确定)

选择要修剪的对象，或按住 Shift 键选择要延伸的对象，或

[栏选(F)/窗交(C)/投影(P)/边(E)/删除(R)/放弃(U)]：(选择内部第一段线段)

选择要修剪的对象，或按住 Shift 键选择要延伸的对象，或

[栏选(F)/窗交(C)/投影(P)/边(E)/删除(R)/放弃(U)]：(选择内部第二段线段)

选择要修剪的对象，或按住 Shift 键选择要延伸的对象，或

[栏选(F)/窗交(C)/投影(P)/边(E)/删除(R)/放弃(U)]：(选择内部第三段线段)

选择要修剪的对象，或按住 Shift 键选择要延伸的对象，或

[栏选(F)/窗交(C)/投影(P)/边(E)/删除(R)/放弃(U)]：(选择内部第四段线段)

选择要修剪的对象,或按住 Shift 键选择要延伸的对象,或

[栏选(F)/窗交(C)/投影(P)/边(E)/删除(R)/放弃(U)]:(选择内部第五段线段)

选择要修剪的对象,或按住 Shift 键选择要延伸的对象,或

[栏选(F)/窗交(C)/投影(P)/边(E)/删除(R)/放弃(U)]:(右键确定)

在 AutoCAD 2021 以上版本软件中,执行修剪命令时不需要选择裁剪边界或者裁剪对象,鼠标移到相应位置会有提示,如图 3-19 所示。

11. 延伸(extend)

延伸命令用于将一条线延伸至另一条线。AutoCAD 2020 以下版本操作时先选择延伸到的边界,再选择延伸对象,注意需要在靠近延伸边界那一侧点击延伸对象。AutoCAD 2021 以上版本中执行延伸命令时,鼠标移动到待延伸图元即可以自动识别,如图 3-20 所示。

  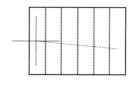

（a）原图　　　　　（b）执行延伸命令

图 3-19　AutoCAD 2021 以上版本修剪命令　　　图 3-20　AutoCAD 2021 以上版本延伸命令

12. 倒角(chamfer)

倒角命令用于在指定的两条直线之间或者在多段线之间产生倒角。操作重点是需要设置倒角距离,默认倒角距离为 0。

13. 圆角(fillet)

圆角命令用于在指定的两条直线之间或者在多段线之间产生圆角。操作重点是需要设置圆角半径,默认圆角半径为 0。

【例 3-7】　绘制图 3-21 所示图形,不标尺寸。

分析:图 3-21 中有两个倒角和两个圆角,需要先画出基本轮廓再执行倒角和圆角命令。图中右上方手柄外轮廓尺寸不全,需要根据其他已知尺寸推算,或者借助于合适的修改命令来完成。

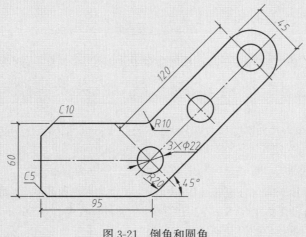

图 3-21　倒角和圆角

绘图过程：

第一步，在中心线图层下执行直线命令，绘制两条相交的对称中心线。

第二步，执行偏移命令，右侧中心线上下各偏移 22.5，左侧中心线上下各偏移 30。将偏移结果更换为粗实线，在下侧偏移结果的交点处向左量取 95，可绘制左侧竖线。

第三步，执行圆命令，绘制内部左下角的圆，然后沿右侧中心线复制出其他两个圆。

第四步，用圆弧命令绘制右上角的圆弧，再利用修剪命令修剪多余的直线。

第五步，执行倒角命令，分别设置倒角距离为 10 和 5，倒出左侧的倒角；执行圆角命令，分别设置圆角半径为 10 和 20，倒出上下两个圆角。

倒角和圆角命令均可以修改裁剪模式，如果设置为不修剪，则线相交处不裁剪。

14. 分解（explode）

分解命令用于分解图块，即将一个图元实体变成多个图元实体。例如，使用矩形命令绘制的图形为一个图元实体，执行分解命令后变成 4 个直线型图元实体。

15. 夹点编辑

选择对象时，在对象上出现的若干小正方形称为夹点（夹持点）。夹点是一些小方框，选中对象时，对象关键点上将出现夹点，不同的对象出现的夹点不同。可以拖动夹点直接而快速地编辑对象。夹持点分为冷夹持点、温夹持点、热夹持点。如图 3-22（a）所示，选中的直线有 3 个夹持点，激活右端夹持点并拖动，可以得到图 3-22（b）。

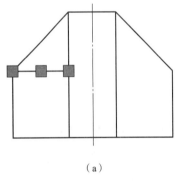
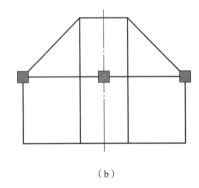

（a）　　　　　　　　　　　　　　　（b）

图 3-22　夹持点

修改命令中还有打断、光顺曲线等，在基础命令中使用较少，本节不进行讨论。

【例 3-8】　基本编辑命令综合举例，按照 1∶1 绘制图 3-23 所示吊钩，不标尺寸。

分析：

（1）该图形主要由直线和圆弧构成，绘图命令用直线和圆、圆弧。上方的倒角 C2 可用编辑命令"倒角"完成。

（2）基准：画图基准为竖直点画线与水平点画线，其交点为基准点。

（3）已知线段：可以根据尺寸直接画出的线段。上部由 $\phi14$ 和高度 23 确定的直线可以直接画出。$\phi24$ 的圆弧圆心在基准点；$R29$ 的圆弧圆心在竖直基准线右方 5mm 处。

（4）中间线段：根据给出的尺寸不能完全确定其位置，还需要它和其他线段的一个连接关系才能确定的线段称为中间线段。左侧 $R14$ 的圆弧圆心在水平基准线上，X 坐标未知；左侧的

$R24$ 的圆弧圆心在距离水平基准线下方 9mm 的水平线上，X 坐标未知。

(5)连接线段：需要它和其他线段的两个连接关系才能确定位置的线段称连接线段。图 3-23 中右侧的 $R24$ 与 $\phi18$ 的右侧回转轮廓线相切、与 $R29$ 圆弧外切；$R36$ 与 $\phi18$ 的左侧回转轮廓线相切、与 $\phi24$ 圆弧外切；$R2$ 分别与 $R14$ 和左侧的 $R24$ 圆弧内切，可以用"圆角"命令完成。

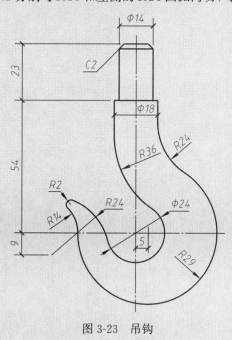

图 3-23　吊钩

绘图过程：

第一步，绘制定位线。根据图 3-23 所示尺寸绘制定位中心线，如图 3-24(a)所示。

第二步，绘制已知线段和已知圆弧。用矩形、圆弧、偏移、倒角等命令绘制已知线段，如图 3-24(b)所示。

第三步，绘制中间圆弧。左侧 $R14$ 的圆弧与 $R29$ 的圆弧外切，两个圆弧圆心之间的距离是半径相加即 43，以 43 为半径、以 $R29$ 圆弧的圆心为圆心画圆弧与圆心水平基准线交于 O_1，O_1 即为 $R14$ 的圆弧的圆心。左侧 $R24$ 的圆弧与 $\phi24$ 的圆相外切，两个圆弧圆心之间的距离是半径相加即 36，以 36 为半径、以 $\phi24$ 圆弧的圆心为圆心画圆弧与圆心水平基准线交于 O_2，O_2 即为左侧 $R24$ 圆弧的圆心，如图 3-24(c)所示。

第四步，绘制连接弧。图 3-23 中右侧的 $R24$ 与 $\phi18$ 的右侧回转轮廓线相切，可以用偏移命令将该轮廓线偏移 24；与 $R29$ 圆弧外切，可以利用外切半径加的知识得到 53，以 53 为半径、$R29$ 圆弧的圆心为圆心画圆弧，与偏移线交点为 O_3，O_3 即为右侧 $R24$ 圆弧的圆心。$R36$ 与 $\phi18$ 的左侧回转轮廓线相切，可以用偏移命令将该左侧轮廓线偏移 36；与 $\phi24$ 圆弧外切，可以利用外切半径加的知识得到 48，以 48 为半径、$\phi24$ 圆弧的圆心为圆心画圆弧，与偏移线交点为 O_4，O_4 即为 $R36$ 圆弧的圆心。利用"圆角"命令修剪出 $R2$，利用剪切、夹点编辑等命令删除多余作图线，即得到图 3-23。

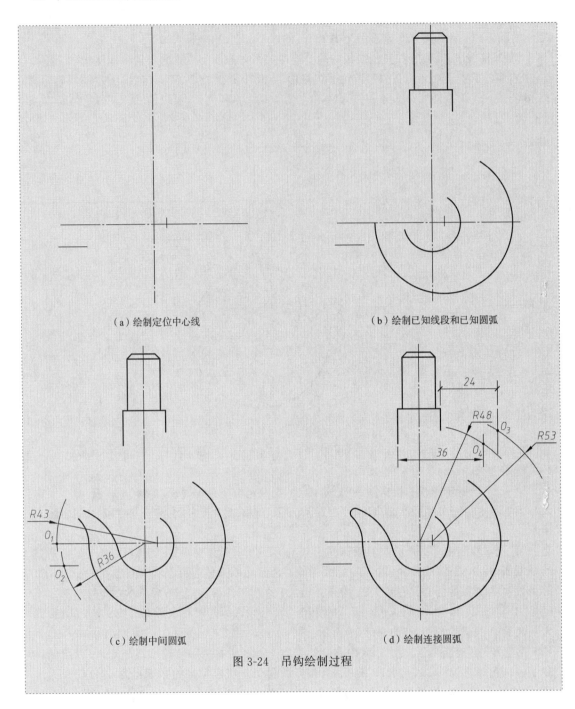

（a）绘制定位中心线　　　　　　　（b）绘制已知线段和已知圆弧

（c）绘制中间圆弧　　　　　　　　（d）绘制连接圆弧

图 3-24　吊钩绘制过程

习　题

一、单选题

1. 执行 CHAMFER（倒角）命令时，应先设置（　　　）。

　　A. 距离 D　　　　　　B. 圆弧半径 R　　　　C. 角度值　　　　　　D. 弧度值

2. 在执行 FILLET(圆角)命令时,应先设置(　　)。

　　A. 圆弧半径 R　　　　B. 距离 D　　　　C. 角度值　　　　D. 内部块 Block

3. 剪切图元实体需用(　　)命令。

　　A. TRIM　　　　　　B. EXTEND　　　　C. STRETCH　　　D. CHAMFER

4. 在执行 OFFSET(偏移)命令前,必须先设置(　　)。

　　A. 比例　　　　　　B. 圆　　　　　　C. 距离　　　　　D. 角度

5. 下列说法中正确的是(　　)。

　　A. 所选对象被删除后,也可通过 Y 命令来恢复

　　B. 对图形大小比例(Scale)进行缩放时,图形的整体形状不会改变

　　C. 一条闭合的线段只能被打断一次,不能进行二次打断操作

6. 在命令行中输入 Z,再输入 A,目的是(　　)。

　　A. 在图形窗口中显示所有的图形对象和绘图界限范围

　　B. 恢复前一个视图

　　C. 显示所有在绘图界限范围内的图形对象

　　D. 显示绘图界限

二、多选题

1. AutoCAD 软件中有复制功能的命令有(　　)。

　　A. co　　　　　　　B. cp　　　　　　C. ar　　　　　　D. o

2. 对以下(　　)对象执行拉伸命令无效。

　　A. 多段线宽度　　　B. 矩形　　　　　C. 圆　　　　　　D. 三维实体

3. AutoCAD 2018 以上的版本中阵列命令有(　　)复制形式。

　　A. 矩形阵列　　　　B. 三角阵列　　　C. 环形阵列　　　D. 路径阵列

4. 样条曲线能使用下面的(　　)命令进行编辑。

　　A. 分解　　　　　　B. 删除　　　　　C. 修剪　　　　　D. 移动

5. 夹持点的状态有(　　)。

　　A. 冷夹持点　　　　B. 温夹持点　　　C. 热夹持点　　　D. 蓝夹持点

三、简答题

1. 执行镜像命令时,发现文字反了,如何设置为文字不镜像?

2. 叙述将 5×5 水平放置的正方形阵列为 3 行×3 列的操作过程,要求每个正方形横向和纵向净间距为 20mm,与水平线夹角为 0°。

3. 绘制图 3-25 需要用到的修改命令有哪些?

四、上机操作题

1. 在第 1 章习题的 GB-A3 绘图环境中按照 2∶1 抄绘图 3-26 所示图形,图形的外部为粗实线,内部为中实线,不标尺寸,保存为窗棂 .dwg 文件。

2. 在第 1 章习题的 GB-A3 绘图环境中按照 1∶1 抄绘图 3-27～图 3-30 所示图形,不标尺寸,保存为几何图形 .dwg 文件。

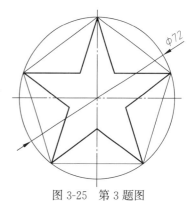

图 3-25　第 3 题图

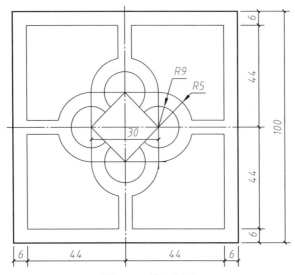

图 3-26　第 1 题图

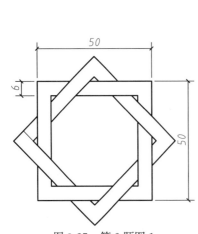

图 3-27　第 2 题图 1

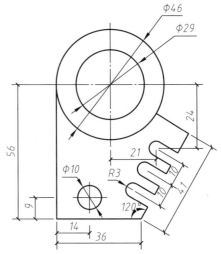

图 3-28　第 2 题图 2

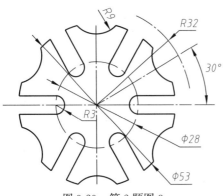

图 3-29　第 2 题图 3

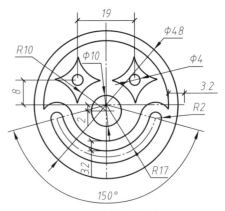

图 3-30　第 2 题图 4

3. 按照 1∶1 抄绘图 3-31～图 3-33 所示图形,标题栏及图框自定,不标尺寸,保存为机械几何
图形.dwg 文件。

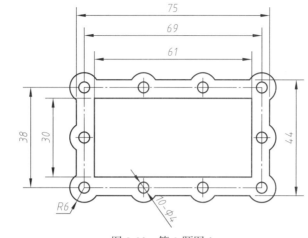

图 3-31　第 3 题图 1

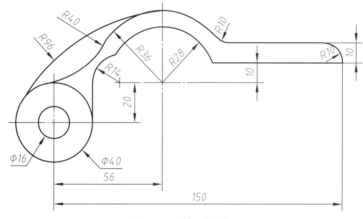

图 3-32　第 3 题图 2

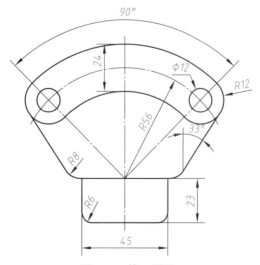

图 3-33　第 3 题图 3

第4章 图块和图案填充

图块和图案填充也属于二维绘图命令,因其操作步骤比较复杂,故单独编为一章。图块和图案填充的高阶性操作可以得到跨学科的绘图结果,如美术图形等。

4.1 图 块

● 视频

图块

在制图过程中,有时常需要插入某些特殊符号供图形中使用,此时就需要运用到图块及图块属性功能。利用图块与属性功能绘图,可以有效地提高作图效率与绘图质量,也是绘制复杂图形的重要组成部分。图块是绘图命令的一种,因其绘制过程和使用环境的特殊性,故在基本绘图命令和基本修改命令之后介绍。第2章基本绘图命令中介绍的多段线、多线、多边形、矩形等绘制出来的图元都是图块。

与图块有关的命令有:创建块(Block)、写块(WBlock)、块插入(Insert)、属性块(Attdef)。机械和建筑大类中需要制作的图块有:粗糙度、螺纹紧固件、标高、轴线编号等。下面以标高属性块为例进行说明。

【例4-1】 根据图4-1所示立面图的标高符号尺寸绘制标高符号,并生成带标高数字的属性块,插入标高属性块,标注2.900和5.800两个标高,生成外部块。

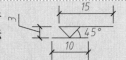

图4-1 标高符号

分析:图4-1中的标高符号是立面图标高符号,与平面图中的区别是三角形下方有引出线。可以在细实线图层下绘制。

绘图过程:

第一步,绘制块的图形。细实线图层下,极轴追踪角设置为45°,执行直线命令,画一条高度为3的垂直线,利用对象捕捉和极轴追踪画出三角形,再画出15和10两条水平线。

第二步,定义属性(attdef)。命令行输入ATTDEF命令,打开图4-2(a)所示"属性定义"对话框。属性栏按照图4-2(a)所示填写,也可以填写成其他易识别文字,单击"确定"按钮。在屏幕上指定插入位置,插入完成后如图4-2(b)所示。

第三步,创建图块(block)。执行BLOCK命令,打开图4-3(a)所示对话框,给图块取名为"立面图标高"。基点默认为(0,0,0),需要单击"拾取点"按钮,在屏幕上指定图4-3(b)所示基点。打开图4-3(c)所示对话框,单击"选择对象"按钮,在屏幕上框选图4-2(b)所示的图形,打开图4-3(d)所示对话框,单击"确定"按钮。打开图4-3(e)所示对话框,在该对话框内出现图块的预览样式,单击"确定"按钮。图块创建完毕。

第四步,属性块的插入(insert)。执行INSERT命令,打开图4-4(a)所示对话框,单击"确定"按钮。属性块与十字光标一起出现在屏幕上。具体操作步骤见命令行提示。

命令:_INSERT

指定插入点或[基点(B)/比例(S)/X/Y/Z/旋转(R)]:(屏幕指定)

输入属性值

标高数值 <2.900>:回车

空格键重复上一个命令

（a） 图 4-2 属性定义 （b）

（a） （b）

（c） 图 4-3 （d）

命令：INSERT

指定插入点或［基点（B）/比例（S）/X/Y/Z/旋转（R）]：（屏幕指定）

输入属性值

标高数值＜2.900＞：5.800 回车

图 4-4(b)所示为绘图区插入属性块的结果。

第五步，写块（wblock）。执行 WBLOCK 命令，打开图 4-5 所示"写块"对话框，块源指定为"块"，在右侧找到立面图标高图

（e）

图 4-3　创建块

块，修改文件名和路径为 C:\Users\crh\Desktop\立面图标高 . dwg，单击"确定"按钮。立面图标高图块出现在桌面上，可以应用到其他文件中或者其他计算机上。

（a）　　　　　　　　　　　　　　　　　（b）

图 4-4　"插入"对话框

国产专业软件中有大量的内置图块，直接调用即可，一般不需要单独绘制。例如，天正系列软件、中望 CAD、浩辰 CAD、CAXA 等，在内置图块和标准化方面做了大量的工作，使用起来高效便捷，这也是国产专业软件逐渐受欢迎的原因之一。天正建筑软件绘制建筑施工图的过程详见第 9 章。

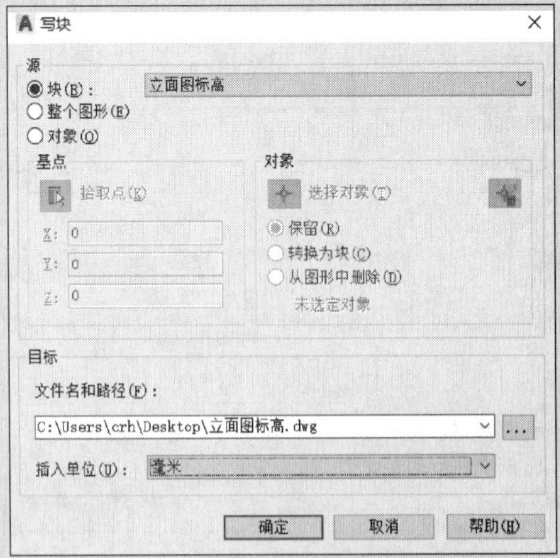

图 4-5　"写块"对话框

4.2　图 案 填 充

图案填充是绘图命令之一,用于为图样增加材料标识、可辨识性、趣味性和艺术性。因其较强的表现力,图案填充可用于不同行业。

4.2.1　传统图案概述

中国传统文化中最有特色的文化之一就是图案文化,在古今各行各业中都可看到图案记录,其以优美的线条和特有的韵味成为中国传统文化的一抹亮色。

1. 仰韶文化

仰韶文化是黄河中游地区一种重要的新石器时代彩陶文化,其持续时间大约在公元前 5000 年至公元前 3000 年。图 4-6 所示为彩陶纹样。

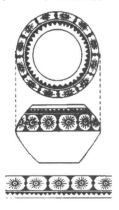

图 4-6　彩陶纹样

2. 商周青铜器纹样

商周青铜器纹样有几何纹、动物纹等,饕餮纹、龙纹、凤纹占据主要地位。《辞海》记载:饕餮是"传说中的贪食的恶兽。古代钟鼎彝器上多刻其头部形状作为装饰"。《吕氏春秋·先识览》记载:"周鼎著饕餮,有首无身,食人未咽害及其身,以言报更也。"图 4-7 所示一种饕餮纹,图 4-8 所示为一种夔(kuí)龙纹。图 4-9 所示为商晚期妇好鸮(xiāo)尊,现藏于河南省博物馆,整体以雷纹做衬地,蝉纹、双头夔纹、饕餮纹、盘蛇纹等交互使用。

图 4-7　饕餮纹　　　　图 4-8　夔(kuí)龙纹(下)　　　图 4-9　商晚期妇好鸮(xiāo)尊

3. 瓦当

瓦当是中国古代宫室房屋檐端的盖头瓦,有保护飞檐和美化屋面轮廓的作用,俗称"筒瓦头"或"瓦头"。瓦当有半圆形、圆形和大半圆形 3 种。秦汉时期,圆形瓦当占据主流。秦朝瓦当有山峰、禽鸟鱼虫、云纹等,图案写实较多,有两等分和四等分图案,如图 4-10 所示。汉朝瓦当工艺有所提升(模印),图案有动植物和文字等。汉朝"八体"包括大篆、小篆、刻符、虫书、摹印、署书、殳书、隶书。魏晋南北朝时以卷龙纹为主,文字瓦当较少。图 4-11 所示为汉朝瓦当,其中文字是"延寿长相思"。

图 4-10　秦朝瓦当　　　　　　　　　　　　图 4-11　汉朝瓦当

4. 藻井与仰尘

藻井位于室内的上方,呈伞盖形,由细密的斗拱承托,藻井上一般都绘有彩画、浮雕。敦煌藻井简化了中国传统古建层层叠木藻井的结构,中心向上凸起,主题作品在中心方井之内,周围的图案层层展开,如图 4-12 所示。

仰尘即古天花板,如图 4-13 所示。

5.《园冶》中的图案

明代造园家计成在《园冶》中关于造墙、铺地、造门窗等图案有 235 种,摘录如图 4-14～图 4-17所示。

  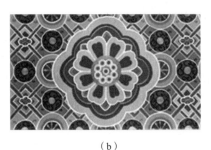

（a）　　　　　　　（b）

图 4-12　敦煌藻井　　　　　　　图 4-13　仰尘

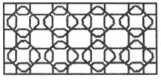 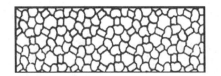

图 4-14　套方式窗　　　　　　　　　图 4-15　锦葵式窗

图 4-16　冰裂式窗

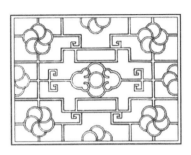
图 4-17　夔式穿梅花瓦花墙洞

4.2.2　图案填充命令

现以 AutoCAD 2010 介绍图案填充命令（HATCH），AutoCAD 2018 以上版本的图案填充操作过程不变，功能更加丰富。

执行 HATCH 命令，打开图 4-18 所示对话框。单击右下角的"展开"按钮，展开对话框，如图 4-19 所示。

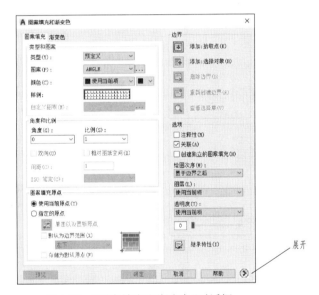
图 4-18　"图案填充和渐变色"对话框

由图 4-19 可知，该对话框有 10 个可设置区：类型和图案、角度和比例、图案填充原点、边界、选项、独岛、边界保留、边界集、允许的间隙、继承选项。常用和设置较频繁的几项介绍如下：

1. 类型和图案

单击图 4-19"类型和图案"栏内的图案右侧的"…"按钮，打开图 4-20 所示的填充图案选项卡，图 4-20（a）中的 ANSI 系列中 ANSI31 可以用来填充砖材料，图 4-20（b）中的其他预定义系列中 AR-CONC 是混凝土材料。

2. 角度和比例

图案填充需要选择图案，设置角度和比例，然后选择要填充的对象。

图 4-19 "图案填充和渐变色"对话框展开

（a）ANSI

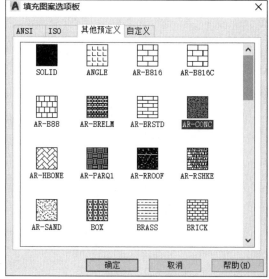

（b）其他预定义

图 4-20 填充图案选项卡

（1）角度（angle）：通过在"角度（Angle）"编辑框内输入一定的数值，可以使图案旋转相应角度。

注意：45°剖面线的角度应设置为 0，不能设置成 45°，否则图案会变成垂直线。

（2）比例（scale）：通过在"比例"编辑框内输入相应的数值，可以放大或缩小选中的图案密度。

3. 边界

边界用于确定填充剖面线的区域，有两种方法可以在屏幕上拾取应用图案填充的区域。

（1）拾取点：在图 4-19 对话框中单击"添加：拾取点"按钮，将暂时关闭该对话框，此时用户可用鼠标在图形的封闭区域内任意拾取一点，回车后返回图 4-19 所示对话框，单击"确定"按钮，所拾取实体区域内将画出图案。

（2）选择对象：在图 4-19 所示对话框中单击"添加：选择对象"按钮，将暂时关闭该对话框，此时用户可用鼠标在屏幕上拾取作为图案边界的实体，回车后返回图 4-19 所示对话框，单击"确定"按钮，所拾取实体区域内将画出图案。

4. 选项

选项中默认为"关联"，"注释性"未选中，当需要不同比例画图时可以选中"注释性"，可以使绘制的图案密度随着绘图比例不同而自动改变密度和比例，不需要专门改变图案本身的比例。

除图案填充有注释性特征外，文字样式、标注样式、图块都有注释性的选项。在布局空间通过设置不同比例的视口，可以实现多比例布图和出图，可让所有视口的文字、标注等图形的打印尺寸保持一致。

5. 孤岛

孤岛检测样式有普通、外部和忽略 3 种，绘制结果如图 4-21 所示。AutoCAD 2021 版默认为外部样式。

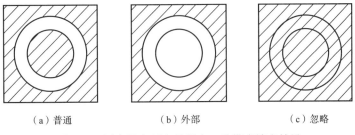

（a）普通　　　　　　（b）外部　　　　　　（c）忽略

图 4-21　图案填充孤岛检测中 3 种模式填充结果

【例 4-2】　按照提示的材料为图 4-22 进行图案填充，该图有 5 个孔：顶部有两个阶梯形圆孔，中间墙体上有 3 个圆孔，底板上有一个圆孔。要求绘出 1∶50 和 1∶100 比例两种填充结果。

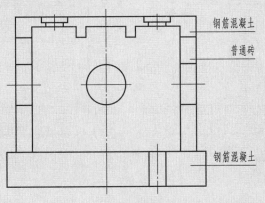

钢筋混凝土

普通砖

钢筋混凝土

图 4-22　图案填充命令举例

分析：图中提示有钢筋混凝土和砖两种材料，建筑制图国家标准规定 1∶50 比例及更大比例时用普通图例,如图 4-23 所示。1∶100 及更小比例时用简化图例。钢筋混凝土的简化图例是涂黑,普通砖的简化图例是省略填充。图案填充仅用于填充实体断面,孔类结构属于剖切之后的可见面部分,不能进行图案填充。

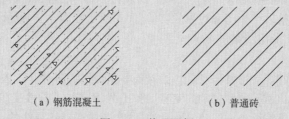

（a）钢筋混凝土　　　　　　　　（b）普通砖

图 4-23　普通图例

　　绘图过程:1∶50,普通图例。

　　第一步,在细实线图层下,命令行输入 h,弹出图 4-19 所示对话框,在"类型和图案"栏中单击"图案"右侧的"…"按钮或者下拉按钮找到普通砖的图案 ANSI 31,设置适当的比例,然后在"边界"类别里按照拾取点的模式在屏幕上拾取普通砖的 4 个区域,单击"确定"按钮即可。如果比例过大或者过小可以双击图等调整比例,不需要删除图等后重新填充。

　　第二步,继续在细实线图层下,按空格键重复填充命令,在图 4-19 所示对话框的"图案"找到"其他预定义"下的 AR-CONC 材料,即混凝土材料,设置适当比例,按照拾取点的模式拾取钢筋混凝土结构上的 7 个区域,单击"确定"按钮,混凝土填充完毕。

　　第三步,继续在细实线图层下,按空格键重复填充命令,找到普通砖的图案 ANSI 31,设置适当的比例,按照拾取点的模式拾取钢筋混凝土结构上的 7 个区域,单击"确定"按钮,钢筋混凝土填充完毕。钢筋混凝土图案填充是 AR-CONC 与 ANSI 31 两种 CAD 填充图案叠加。绘制结果如图 4-24(a)所示。

　　绘图过程:1∶100,简化图例。

钢筋混凝土图案用实体(涂黑)填充,砖的断面不填材料。绘制结果如图 4-24(b)所示。

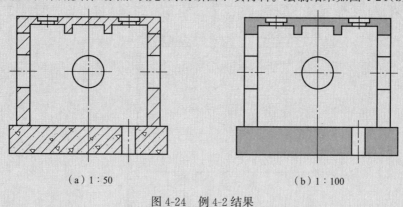

（a）1∶50　　　　　　　　（b）1∶100

图 4-24　例 4-2 结果

4.2.3　图案填充命令之自定义颜色填充

　　在例 4-2 中,应用实体填充可以填充钢筋混凝土的简化图例。实体填充时还可以调整填充的颜色,如图 4-25 所示,选择"其他预定义"中的 SOLID 图案,打开 4-26 所示对话框,单击"颜色"栏右侧的下拉按钮,最下方有"选择颜色"选项,单击之后打开图 4-27 所示对话框,图 4-27 下方可输入 RGB 值。

图 4-25　其他预定义之实体填充

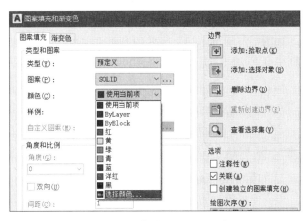

图 4-26　实体填充之选择颜色

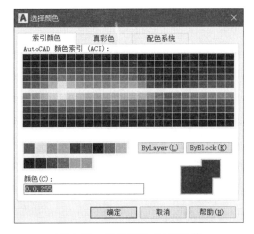

图 4-27　选择颜色之 RGB 值

1. 色彩基础知识

色彩是可见光的作用所导致的视觉现象。色彩的三要素包括色相、明度、饱和度。

(1)色相,作为色彩的首要特征,指的是色彩的相貌,是区分不同颜色的判断标准。色相由原色、间色和复色构成,且色相是无限丰富的。

(2)明度,即色彩的亮度,反映的是色彩的深浅变化。一般情况下在颜色中加入白色,明度提高;加入黑色,明度降低。

(3)饱和度即纯度,指色彩的鲜艳程度。纯度越高,色彩越鲜明;纯度越低,色彩越黯淡。

常见的色彩模式有 RGB、CMYK、HSB、HEX 几种。

(1)RGB 是色光显示模式,分别指红、绿、蓝 3 种颜色,它们也称为色光三原色。根据光学原理,人眼中识别的颜色是物体反射的光波,当光波投射到入眼时,越多的色光叠加,颜色就越亮。RGB 的红、绿、蓝用十进制数表示,在 0~255 之间。

(2)CMYK 通常指的是印刷色彩系统,颜料的特性与色光相反,越叠加越黑,所以颜料的三原色必须是可以吸收 R、G、B 的色彩,也就是 RGB 的补色:青、洋红、黄色。由于不存在完美的颜料,完美的黑色是无法通过叠加调和的,所以在三色基础上加入了黑色。

(3)HSB 模式的色彩原理更符合色彩属性原则,即色相、饱和度与亮度。H 代表色相 Hue,S 代表饱和度 Saturation,B 代表亮度 Brightness。

(4)HEX 模式是十六进制,机器识别色。

如图 4-27 所示,CAD 软件中有索引颜色、真彩色和配色系统 3 种颜色设置方案,在"真彩色"对话框中有 RGB 和 HSB 两种模式。3 种颜色设置方案中均可输入 RGB 值。

【例 4-3】 将 HEX 模式标记的颜色♯ff8000 转换为 RGB 值。
由于 HEX 模式是十六进制,RGB 值是十进制,十六进制与十进制转换关系为:ff＝255,80＝128,00＝0,因此颜色♯ff8000 的 RGB 值是(255,128,0)。将该数值输入到图 4-27 中,可以得到一种比较鲜艳的橙色。

2. 如何获得 RGB 值

可以通过色彩知识普及网络寻找合适颜色的 RGB 值,也可以参考名画里的色彩搭配。当找到一幅合适的画面时,可以通过色彩分析软件分析 RGB 值。近几年中国艺术家在色彩研究方面做了不少工作,并出版书籍为中国传统色建立文字与视觉谱系,将每种颜色的名称来历、包含的意蕴、精确色值一一展示出来。

【例 4-4】 图 4-28(a)所示为某社科联公众号的 LOGO,图 4-28(b)是在色彩分析软件中分析出的色彩 RGB 值,请在 CAD 软件中绘制该 LOGO。
分析:由图 4-28(a)可知,该 LOGO 的图形由直线、圆弧组成,花瓣与花瓶的留白处可以先绘制圆弧或者椭圆弧,绘制完成后将该辅助线删除;瓶体内部的三条粗线可以用直线命令绘制后进行填充,也可以用较粗的实线绘制,省去填充过程。

绘图过程:
第一步,将图片粘贴到绘图区,调整适当的比例。也可将图片存入计算机某目录下,选择"插入"→"光栅图像参照"插入图片,如图 4-29 所示。

（a）	（b）
图 4-28　实体填充举例	图 4-29　插入图片

　　第二步,用直线和圆弧命令描绘 LOGO 图片,并配合修改命令完成图形。

　　第三步,执行 H 命令,找到实体填充,再选择自定义颜色,在图 4-27 中输入"0,96,104",填充瓶体和左、中、右上 3 个花瓣;重复执行填充命令,继续输入"96,112,112",填充瓶体内部的 3 个矩形;重复执行填充命令,继续输入"248,184,8",填充左上和右下 2 个花瓣。

4.2.4　超级图案填充命令

　　图案填充命令是将软件内部嵌入的图案填充进图形,而超级图案填充则可以将当前绘图区内的现有图形作为图案填充进图形内部。超级填充命令是 SUPERHATCH(SUP)。执行 SUP 命令之后打开图 4-30 所示对话框,可选图片或者图块进行填充。

1. 图片填充过程

命令:SUPERHATCH(计算机上选取图片)

Insertion point ＜0,0＞:(指定插入位置点)

基本图像大小:宽:10,高:7.17,Inches

指定缩放比例因子或 [单位(U)] ＜1＞:

Is the placement of this IMAGE acceptable? [Yes/No] ＜Yes＞:

Selecting visible objects for boundary detection...Done.

Specify an option [Advanced options] ＜Internal point＞:(指定图形内部点)

Specify an option [Advanced options] ＜Internal point＞:

Preparing hatch objects for display...

Done.

填充结果如图 4-31 所示。

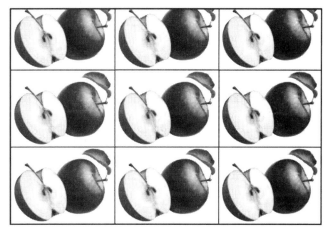

图 4-30　超级图案填充对话框　　　　图 4-31　填充苹果图片

2. 图块填充过程

　　绘制图 4-32 所示图形,并将其定义为图块;绘制需要填充的图形(如正方形);执行 SUP 命令,选择图 4-30 所示的"图块"选项,在屏幕上指定图 4-32 这个块图形,再根据命令行提示操作即可。填充结果如图 4-33 所示。

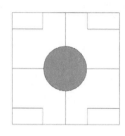

图 4-32　图块

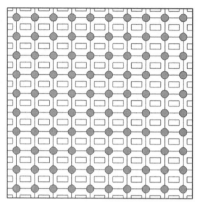

图 4-33　填充块图案

4.2.5　自制图案和加载图案

1. 自制图案的方法

超级图案填充可以将自己绘制的图案填入图形,如果需要保留到以后在其他文件下使用,则需要将该图形内置到图案库里。需要借助于 CAD 插件 Yqmkpat. vlx。

(1)载入插件:执行 APPLOAD(AP)命令,打开图 4-34 所示加载应用程序对话框,在桌面上找到提前下载的 Yqmkpat. vlx 插件,单击"加载",插件加载完成。

(2)将图形内置于图案库:执行 MPEDIT(MP)命令,选择要写入图库的图形,例如选择图 4-32 分解以后的图形,给图案取名字,保存即可。

注意:mp 命令不能将带图块和图案的图形做成内部图案,需要提前将其分解。

图 4-34　加载插件

2. 加载外部图案的方法

可以在网上搜集适用于 CAD 的 ∗. pat 图案文件,将其复制到 CAD 软件安装目录下的 suport 图案文件夹下。

注意:加载过多图案对计算机硬件要求变高。

4.2.6　无法进行图案填充的几种情况

1. 图案比例不合适

图案相对于所填充图形的比例过大或者过小时,修改填充比例,可多修改几次查看效果。

2. 图形未封闭

如果没有采用对象捕捉方式绘制图形,可能会导致图形未封闭,填充时命令行会提示图形未封闭,修改图形以后再填充即可。

3. 软件设置不允许显示填充图案

如果不小心将图 4-35 中的"应用实体填充"关闭,即使执行了图案填充也无法显示出来。可以通过 OP 命令调出图 4-35 所示对话框进行修改。

4. 修改系统变量

通过系统变量 FILLMODE(FILL)调整,命令行会提示输入 ON 或 OFF,允许填充时是 ON,系统默认也是 ON。

图 4-35　"选项"对话框

4.3　渐变色填充

1. 传统绘画中的渐变色

渐变色在中国山水画中应用非常普遍,多用于刻画远山,其以用墨的层次来表现,以墨色浓淡衬出远近层次,再以留白烘托出距离感。

《千里江山图》是中国山水画的巅峰之作,是北宋王希孟创作的绢本设色画,现收藏于北京故宫博物院。该作品以长卷形式,立足传统,画面细致入微,烟波浩渺的江河、层峦起伏的群山构成了一幅美妙的江南山水图,渔村野市、水榭亭台、茅庵草舍、水磨长桥等静景穿插捕鱼、驶船、游玩、赶集等动景,动静结合恰到好处。既概括地表现了山势绵亘、水天一色的浩森气象,又精心地勾画了幽岩邃谷、高峰平坡、流溪飞泉、波涛烟霭等自然界变幻无穷的状态,使千里江山既开阔无垠,又曲折入微,充分地显示了祖国山河的壮丽多姿。该画不仅代表着青绿山水发展的里程,更集北宋以来水墨山水之大成,是中国十大传世名画之一。

《千里江山图》画卷中的"青绿山水",是用矿物质的石青、石绿上色,使山石显得厚重、苍翠,画

视频 ●·······

渐变色填充

面爽朗、富丽,色泽强烈、灿烂。有时山石轮廓加泥金勾勒,增加金碧辉煌效果,被称为"金碧山水"。它是隋唐时期随着山水画日趋成熟、形成独立画科时,最早完善起来的一种山水画形式。图4-36所示为《千里江山图》画卷局部。

图4-36　《千里江山图》画卷局部

2. 渐变色填充

渐变色填充的命令是GRADIENT,也可用H命令打开图4-37所示对话框。

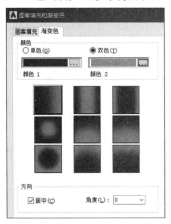

图4-37　"图等填充和渐变色"对话框

(1)填充类型。填充类型有单色和双色,每种颜色均可通过单击颜色右侧的"…"按钮,打开"选择颜色"对话框进行调整。

(2)填充路径。由图4-37可知,填充路径可分为:左向右渐变、中间往两边渐变、圆心向四周渐变、从上向下渐变、从下向上渐变等,渐变的角度可调整,当前默认为0°。

【例4-5】　绘制图4-38所示的图形,圆的直径为20mm。

分析:由图4-38可知,需要用到渐变色填充中的左上向右下渐变。图片中提示的颜色模式是HEX模式,需要转换成RGB模式。#ff3e8f=RGB(255,62,143);#ffba8f=RGB(255,186,143)。

绘图过程:

第一步,执行圆命令,绘制直径为20mm的细实线圆。

第二步,执行H命令,在图4-37中的颜色1中单击,打开图4-27所示对话框,输入"255,62,143";在颜色2中单击,输入"255,186,143";按照图4-39所示将角度设置为45°,继续执行填充命令即可。

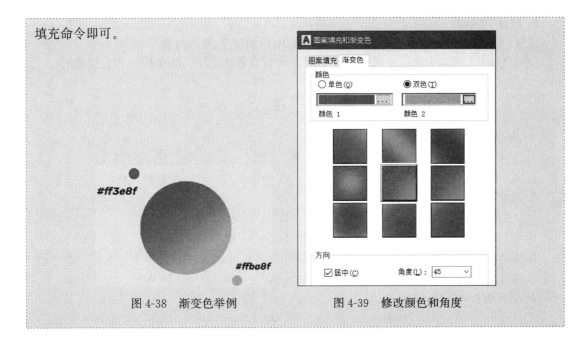

| 图 4-38 渐变色举例 | 图 4-39 修改颜色和角度 |

4.4 企业创想与 LOGO-CAD 绘制

4.4.1 企业创想方法

创造性思维方法有很多种,如联想法、头脑风暴法、TRIZ 理论、5W2H 法等,这些在产品概念设计阶段应用较多,其中 TRIZ 理论更具高阶性。

在图案填充环节设置"企业创想与 LOGO-CAD 绘制"环节,既可以认知社会经济形态,又可以充分发挥想象力,并通过 CAD 软件来展示自己的设计成果。

5W2H 法是由 5 个 W 词语和 2 个 H 词语共同构成的创造性思维方法,应用范围较广泛。这 7 个词语是 WHAT、WHY、WHO、WHEN、WHERE、HOW、HOW MUCH。

WHAT——什么企业? 企业名字?

WHY——为什么创想这个企业?

WHO——谁组织和参与?

WHEN——企业时间轴。

WHERE——在哪儿创办?

HOW——怎样创办? 形式是什么样的?

HOW MUCH——需要耗费多少人力物力资源?

视频 ●┄┄┄┄

企业创想与
LOGO-CAD
绘制

4.4.2 LOGO-CAD 绘制

1. 确定企业分类

通过查询《国民经济行业分类》GB/T 4754—2017,分析企业所属行业分类和代码。

2. 设计 LOGO

说明 LOGO 含义,说明用到哪些 CAD 绘图知识(绘图命令、修改命令)。

LOGO 欣赏与绘制方法详见课程网站:国家高等教育智慧教育平台搜索《工程建筑制图》。

习 题

一、单选题

1. 下面( )命令可将块打散生成图形文件。

    A. 另存为   B. 分解   C. 重生成   D. 插入块

2. 块定义必须包括( )。

    A. 块名、基点、对象   B. 块名、基点、属性

    C. 基点、对象、属性   D. 块名、基点、对象、属性

3. 插入块的快捷键是( )。

    A. I   B. B   C. Q   D. W

4. 创建块的快捷键是( )。

    A. I   B. B   C. Q   D. W

5. ( )文件可以到所有文件中使用。

    A. 块文件   B. 矩形

    C. 另存的文件   D. 带有图层的文件

6. AutoCAD 中块文件的扩展名是( )。

    A. dwt   B. 块 . dwg   C. bak   D. dxf

7. 关于块属性的定义正确的是( )。

    A. 块必须定义属性   B. 一个块中最多只能定义一个属性

    C. 多个块可以共用一个属性   D. 一个块中可以定义多个属性

二、多选题

1. 属性和块的关系,正确的是( )。

    A. 属性和块是平等的关系

    B. 属性必须包含在块中

    C. 属性是块中非图形信息的载体

    D. 块中可以只有属性而无图形对象

2. 图案填充命令中的参数包括( )。

    A. 比例   B. 旋转   C. 关联   D. 角度

3. 图案填充命令中的填充选项包括( )。

    A. ISO   B. ANSI   C. 其他预定义   D. 纹理

4. 关于图案填充操作描述正确的是( )。

    A. 只能单击填充区域中任意一点来确定填充区域

    B. 所有的填充样式都可以调整比例和角度

    C. 图案填充可以和原来轮廓线关联或者不关联

    D. 图案填充只能一次生成,不可以编辑修改

5. 图案填充的孤岛检测样式有( )。

    A. 外部   B. 内部   C. 普通   D. 忽略

三、简答题

1. 叙述建筑标高属性块的制作过程。

2. 叙述加载外部图案的过程。

3. 如何给文字填充图案?

四、上机操作题

1. 用 AutoCAD 软件绘制图 4-40,未注尺寸自定,A4 图幅,将标高和轴线编号图块放在标题栏上方。线型要求:地平线 1.0mm,外轮廓 0.7mm,门窗等结构轮廓 0.35mm,门窗内部线 0.25mm,标高和轴线编号为 0.25mm。

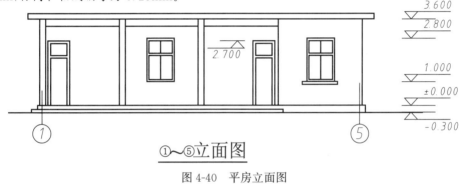

图 4-40　平房立面图

2. 寻找图案并用 CAD 命令绘制该图案。建议:学号尾号 0——寻找彩陶纹样;学号尾号 1~3——寻找瓦当;学号尾号 4~6——寻找青铜器;学号尾号 7~9——寻找瓦花墙洞。

3. 绘制自己喜欢的 LOGO,并将其添加到图案库中。

4. 用 AutoCAD 软件绘制图 4-41,不标尺寸,查询阴影区域的面积并标记在图形外部。

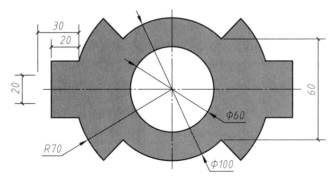

图 4-41　图案填充并查询面积

第5章 尺寸标注

尺寸是工程图样中的重要组成部分,标注尺寸应做到正确、完整、清晰。一个完整的尺寸由尺寸界线、尺寸线、尺寸起止符号和尺寸数字四个要素组成。AutoCAD 软件的尺寸模块是一个参数化图块库,用户可以根据需要对尺寸样式进行设置。

5.1 尺寸标注工具栏

AutoCAD 经典工作空间下的尺寸标注工具栏如图 5-1 所示。

图 5-1 经典尺寸标注工具栏

AutoCAD 草图与注释工作空间下的尺寸标注工具栏如图 5-2 所示。单击图 5-2 中"线性"右侧的下拉按钮得到图 5-3 所示下拉菜单。单击图 5-2 中"引线"右侧的下拉按钮得到图 5-4 所示下拉菜单。

图 5-2 草图与注释尺寸标注工具栏

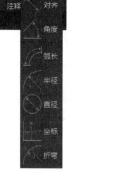

图 5-3 线性下拉菜单

图 5-4 引线下拉菜单

5.2　标注样式设置

不同的图样对尺寸标注样式有不同的要求,因此,在标注尺寸之前,需要设置尺寸标注样式。

选择"格式"→"标注样式"命令,或者单击图 5-1 中的"标注样式"按钮,打开图 5-5 所示"标注样式管理器"对话框,预览样式中显示为机械制图标注样式。单击"新建"按钮,打开图 5-6 所示"创建新标注样式"对话框,可以 ISO-25 为基础样式创建一个新样式,取名为"建筑标注",单击"继续"按钮,打开图 5-7 所示"建筑标注"设置对话框。图 5-7 中有线、符号和箭头、文字、调整、主单位、换算单位、公差等选项,每一个选项对应新的对话框,可以根据需要分别进行设置。

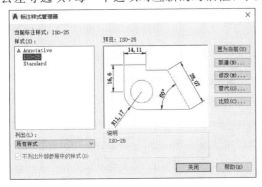

图 5-5　"标注样式管理器"对话框

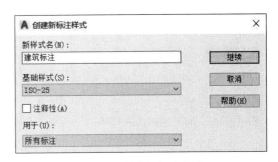

图 5-6　创建新标注样式

图 5-7　"建筑标注"设置对话框

1. 线

在图 5-7 所示对话框中,可以调整尺寸线和尺寸界线。

尺寸线调整区域内可以调整尺寸线的颜色、线型、线宽、超出标记、基线间距等,也可以选择隐藏尺寸线 1 或隐藏尺寸线 2。图中默认为颜色、线型、线宽随块;尺寸线超出尺寸界线的长度为 0;当需要基线标注时,基线间距为 3.75mm;尺寸线隐藏未勾选,说明尺寸线不隐藏。

尺寸界线调整区域内可以调整尺寸界线的颜色、线型、线宽、超出尺寸线的距离、起点偏移量等,也可以选择隐藏尺寸界线 1 或隐藏尺寸界线 2。图中默认为颜色、线型、线宽随块;尺寸界线超出尺寸线的长度为 1.25mm,起点偏移量为 0.625mm;尺寸界线隐藏未勾选,说明尺寸界线不隐藏。固定长度的尺寸界线未勾选,说明尺寸界线的长度可以在屏幕上指定,如果勾选该项,当前默认尺寸界线长度为 1。

2. 符号和箭头

在图 5-8 所示对话框中,可以调整符号和箭头。CAD 中有多种箭头可供选择,如图 5-9 所示。建筑中常用的线性尺寸起止符是斜线,角度尺寸起止符是箭头。默认箭头大小为 2.5mm。默认圆心标记为 2.5mm 细实线。

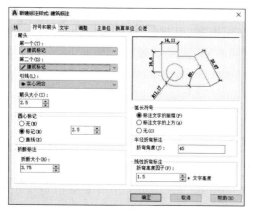

图 5-8　符号和箭头

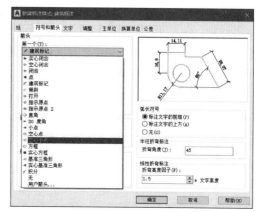

图 5-9　箭头类型

3. 文字

在图 5-10 所示的对话框中可以设置文字,设置类型包括文字外观、文字位置和文字对齐。在文字样式右侧单击"…"按钮,打开图 5-11 所示"文字样式"对话框,可以对文字的字体、大小、高度等进行设置。如图 5-10 所示,当前默认文字高度为 2.5mm,文字位置的垂直状态是尺寸线上方,水平位置的状态是相对于尺寸线居中,从尺寸线偏移 0.625mm,文字与尺寸线对齐。

注意:角度尺寸中的数字必须水平,需要单独建立标注样式。

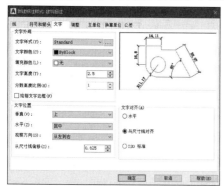

图 5-10　设置文字

图 5-11　设置文字样式

4. 调整

当尺寸较小时,会出现尺寸起止符之间放不下尺寸数字或者尺寸界线之间放不下尺寸起止符的情况,这时可以选择调整选项,使尺寸标注相对合理。如图 5-12 所示,"调整"选项卡中有调整选项、文字位置、标注特征比例、优化四项可调复选框。

(1)调整选项。如果尺寸界线之间没有足够的空间放置文字和箭头,可以将以下元素移出尺寸界线:文字或箭头、箭头、文字、文字和箭头,文字始终保持在尺寸界线之间,还有一种选项是"若箭头不能放在尺寸界线内,则将其消除"。默认文字或箭头移出尺寸界线。

(2)文字位置。文字位置可以放在尺寸线旁边、尺寸线上方带引线、尺寸线上方不带引线。

(3)标注特征比例。本栏可选中"注释性"复选框,默认不勾选,则尺寸数字、箭头等均按原始设置的规格显示,如果选中"注释性"复选框,所标注的尺寸会随着注释性比例的改变而改变。图 5-13 所示为设置注释性比例的方法,可选比例有多种。如图 5-14(a)所示,按照 1∶1 绘图并标注尺寸时,其尺寸数字是 2.5mm 字高,尺寸起止符为 2.5mm;如果将图 5-14(a)所示的图形放大 100 倍,未选中"注释性"复选框时,尺寸数字仍然是 2.5mm 字高,尺寸起止符仍然为 2.5mm,在新图形上标注尺寸会导致尺寸与图形显示不搭配。解决的办法是在图 5-11 中选中"注释性"复选框,在图 5-13 中选择注释性比例为 1∶100,然后再用同样的标注样式进行标注时,尺寸数字和箭头会自动放大 100 倍,标注结果如图 5-14(b)所示。

图 5-12 "调整"选项卡 图 5-13 注释性比例

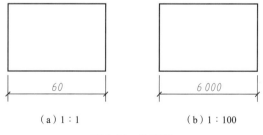

(a)1∶1   (b)1∶100

图 5-14 注释性

5. 主单位

图 5-15 所示为"主单位"选项卡,在"线性标注"栏,可调整尺寸数字的单位格式、精度、四舍五入、前缀后缀等。测量比例因子默认为 1,如果按照 1∶5 比例绘制图形,标注尺寸时可以将测量比例调整为 5。角度标注默认为十进制度数。

6. 换算单位
图 5-16 所示为换算单位对话框，默认"显示换算单位"不选中，选中后可以设置换算单位。

7. 公差
图 5-17 所示为"公差"选项卡，"方式"默认为"无"，有对称、极限偏差、极限尺寸、基本尺寸四类可选。图 5-18 所示为对称公差标注示例，图 5-19 为极限偏差标注示例。

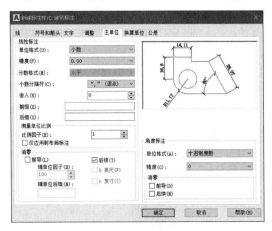
图 5-15 "主单位"选项卡

图 5-16 "换算单位"选项卡

图 5-17 "公差"选项卡

图 5-18 对称公差标注

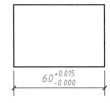
图 5-19 极限偏差标注

【例 5-1】 设置角度标注样式，尺寸起止符是箭头，尺寸数字水平，精确到个位。

分析：可以利用图 5-9 所示的"符号和箭头"、图 5-10 所示的"文字"两个对话框进行调整。

绘图过程：

第一步，选择"格式"→"标注样式"命令，打开图 5-5 所示的"标注样式管理器"对话框，单击"新建"按钮，打开图 5-6 所示的"创建新标注样式"对话框，可以"建筑标注"为基础样式新建"角度"样式。

第二步，在"新建标注样式"的"符号和箭头"选项卡中选择箭头样式为"实心闭合"。

第三步,在"新建标注样式"的"文字"选项卡中选择"水平"。

设置好的角度样式预览如图 5-20 所示。

图 5-20　角度标注样式

5.3　常用的尺寸标注

1. 线性标注

线性标注(dimlinear)用于标注两点之间的 X、Y、Z 方向坐标差。在图样中主要表现为几何元素的水平和垂直尺寸标注,这些尺寸包括几何元素的长宽高定形尺寸、几何元素的定位尺寸等。

2. 对齐标注

对齐标注(dimaligned)所标注的尺寸线平行于两点之间的连线,尺寸数字是两点之间的距离。在图样中表现为倾斜线段或者斜向两点之间的尺寸。

视频

常用的
尺寸标注

【**例 5-2**】　标注图 5-21 所示的尺寸,绘图比例 1∶2,斜线端点为对应的矩形边的中点。

分析:图示有 3 个尺寸,60 和 40 可以用线性标注,36 可以用对齐标注。国家标准对于尺寸线和轮廓间距的要求是一般不小于 7.5mm,可以用对象捕捉追踪和极轴追踪实现精确的标注位置。绘图比例是 1∶2,因此测量比例因子设置为 2。

绘图过程:

第一步,执行矩形命令,绘制 30mm×20mm 的矩形。执行"直线"命令,分别捕捉到左、上矩形边的中点绘制直线。执行修剪命令完图形。

第二步,新建"建筑 CAD-2"标注样式,如图 5-22 所示;调整符号和箭头如图 5-23 所示;调整小数分割符为".",调整主单位中的测量比例因子为 2,如图 5-24 所示。设置完成后将"建筑 CAD-2"标注样式置为当前样式。

第三步,执行线性标注,分别单击矩形下面的两个端点,然后鼠标触碰右端点并向下移动,追踪状态激活,输入 10 回车,标注出的尺寸为图 5-21 所示的 60,尺寸线距离矩形下方轮廓线为 10mm。同理可标出尺寸 40。

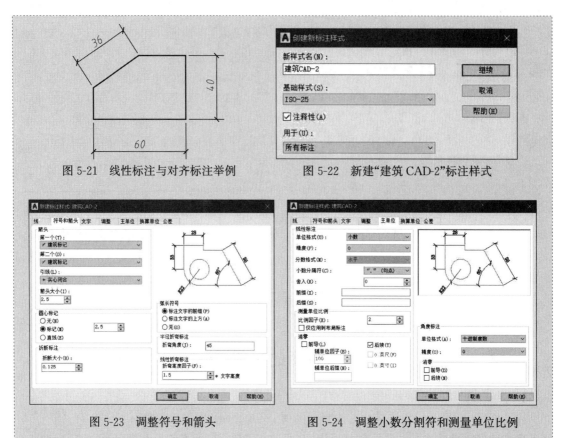

图 5-21　线性标注与对齐标注举例　　　　图 5-22　新建"建筑 CAD-2"标注样式

图 5-23　调整符号和箭头　　　　图 5-24　调整小数分割符和测量单位比例

　　第四步,执行对齐标注,分别单击矩形左上方斜线的两端点,拖动至适当位置单击即可。由于斜向不能精确追踪至 10mm,可以画一个 10mm 的辅助线作为尺寸线位置的精确定位。

3. 弧长标注

　　如图 5-25 所示,执行弧长标注(dimarc)命令,选择所需标注弧长的两个端点后,拖动至图形外部适当位置单击,弧长即可标注完成。弧长标注的特点是:尺寸起止符号是箭头,尺寸数字前有弧长标记,尺寸线也是弧线且平行于所标注的弧线。图 5-26 所示为弧长标注的应用举例,该图是建筑平面图的局部,C1 表示代号为 C1 的窗,以左起第二个 C1 为例,900 是弧形窗的定型尺寸,两侧的 933 是弧形窗的定位尺寸。不同软件中弧形符号所放置的位置有所区别。

4. 坐标标注

　　坐标标注(dimordinate)在机械领域一般用于冲压模具、钣金件图纸标注;在土建大类中用于总平面图中的测量坐标或者施工坐标标注。坐标取值可以从世界坐标系或用户坐标系 UCS 中任意选择,当前如果为世界坐标系时,坐标取值与世界坐标系一致。如果选择以用户坐标系 UCS 取值,应该以 UCS 命令把当前图形设为要选择使用的 UCS。

　　图 5-27 所示为 UCS 用户坐标系在图形左下角时图形右上角点的坐标标注示例。20 所在的引线与 X 轴平行,30 所在的引线与 Y 轴平行,数字分别代表该点的 Y 坐标和 X 坐标。

5. 半径标注

　　半径标注(dimradius)用于标注圆或者圆弧的半径。图 5-28 所示为大圆弧和小圆弧的半径标注示例,注意尺寸线始终指向或者通过圆心。

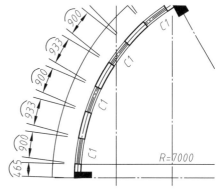

图 5-25 弧长标注 　　　　　　图 5-26 弧长标注的应用举例

6. 折弯标注

折弯标注（dimjogged）用于标注大圆弧的半径。图 5-28 所示的右侧 $R50$ 为折弯标注,与半径标注中的 $R50$ 可通用。

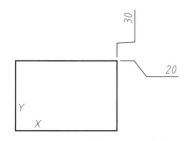

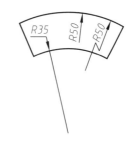

图 5-27 UCS 坐标系下的坐标标注 　　　图 5-28 半径标注与折弯标注

7. 直径标注

直径标注（dimdiameter）用于标注圆或者圆弧的直径。图 5-29 所示为箭头和数字外移的直径标注形式。其中,$4\phi12$ 表示有 4 个相同直径的圆,标注 $\phi12$ 尺寸之后双击尺寸数字,打开多行文本编辑对话框,可将 $\phi12$ 修改为 $4\phi12$。

8. 角度标注

角度标注（dimangular）用于标注圆、圆弧或者两条线之间的角度。可以按照例 5-1 所示步骤设置角度标注样式。图 5-30 所示为角度标注示例。

9. 快速标注

快速标注（qdim）用于标注所选图形的尺寸。例如,选中圆,标注为圆的半径;选中一条直线,标注为该直线的线性尺寸;选中多个图形,标注为这些图形之间的线性尺寸。图 5-31 和图 5-32 所示为多个图形的快速标注示例。

执行过程如下：

命令：_qdim

关联标注优先级 = 端点

选择要标注的几何图形：指定对角点：找到 12 个（交叉窗口选取标注对象,如图 5-31 所示）

选择要标注的几何图形：回车

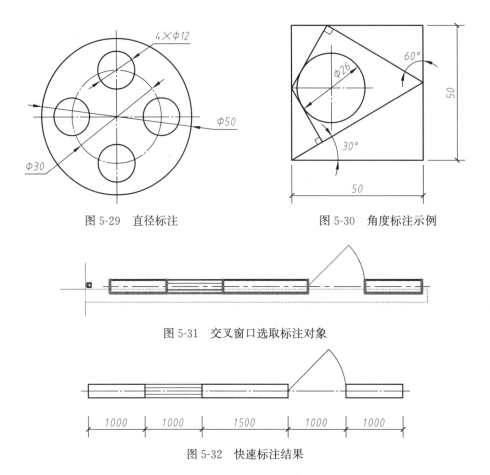

图 5-29　直径标注　　　　　　　　图 5-30　角度标注示例

图 5-31　交叉窗口选取标注对象

图 5-32　快速标注结果

指定尺寸线位置或［连续(C)/并列(S)/基线(B)/坐标(O)/半径(R)/直径(D)/基准点(P)/编辑(E)/设置(T)］＜连续＞:屏幕上指定

注意:如果绘图过程中有长短不一重叠的碎线,快速标注会识别为多个图元进行标注,因此快速标注之前图线不能重叠。

快速标注的特点是高效,适用于绘图量大且尺寸繁多的情况。天正建筑软件中标注建筑平面图时的快速标注与本节的快速标注类似,可在几秒之内标出所有选定的门窗定形和定位尺寸。

10. 基线标注

基线标注(dimbaseline):从上一个标注或选定标注的基线处创建线性标注、角度标注或坐标标注。如图 5-33 所示,以线性尺寸 30

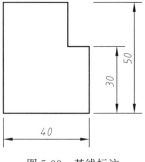

图 5-33　基线标注

的下侧尺寸界线为基线标注尺寸 50,两个互相平行的尺寸线间距即基线间距,可以在尺寸标注样式中设置合适的数值。基线标注的特点是所有的尺寸共用一条尺寸界线。

11. 连续标注

连续标注(dimcontinue):从上一个标注或选定标注的尺寸界线开始进行连续标注。图 5-32 所示尺寸标注也可以用连续标注完成,以线性尺寸 1000 为起始尺寸标注其他尺寸。连续标注的特点是所有尺寸线在同一条水平线上。

12. 等距标注

等距标注(dimspace):以一个尺寸为基准,根据输入值调节其他尺寸与基准尺寸之间的距离。图 5-34(a)所示尺寸标注不太规范,可以通过等距标注命令调整至图 5-34(b)所示结果。

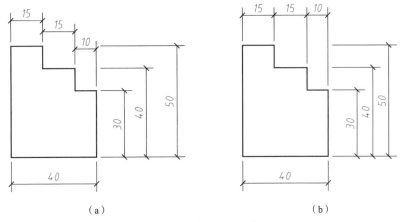

图 5-34 等距标注示例

调整 3 个水平方向尺寸在一条水平线上的过程如下:

命令:_DIMSPACE

选择基准标注:

选择要产生间距的标注:找到 1 个

选择要产生间距的标注:找到 1 个,总计 2 个

选择要产生间距的标注:

输入值或[自动(A)]<自动>:0

调整 3 个竖直尺寸基线间距相等的过程如下:

命令:_DIMSPACE

选择基准标注:

选择要产生间距的标注:找到 1 个

选择要产生间距的标注:找到 1 个,总计 2 个

选择要产生间距的标注:

输入值或[自动(A)]<自动>:7.5

13. 折断标注

折断标注(dimbreak)用于将已标注尺寸的尺寸线、尺寸界线折断。

14. 公差标注

公差标注(tolerance)用于标注机械制图中的公差。标注示例见图 5-18 和图 5-19。

15. 圆心标记

圆心标记(dimcenter)用于标记圆的圆心,标记符号可以在图 5-8 所示的标注样式中设置。图 5-35(a)所示为 4 个圆未标记圆心的圆。执行圆心标记命令,选中一个圆即标记出圆心;空格键重复上一个命令,依次标注其他圆。标记结果如图 5-35(b)所示。

16. 检验标注

检验标注(diminspect)用于添加或删除与选定标注关联的检验信息,用于指定应检查制造的部件的频率,以确保标注值和部件公差处于指定范围内。

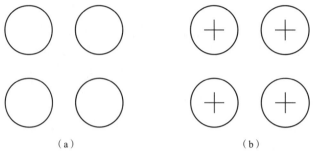

图 5-35　圆心标记

17. 折弯线性

折弯线性(dimjogline)：在线性或对齐标注上添加或删除折弯线。标注中的折弯线表示所标注的对象中的折断。标注值表示实际距离，而不是图形中测量的距离。如图 5-36 所示，物体实际长度为 1000，中间有省略，标注尺寸必须是原值，即物体的实际长度 1000，与图线的长短无关，这时需要用到折弯标注。

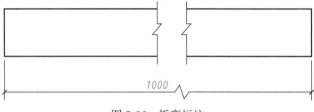

图 5-36　折弯标注

18. 编辑标注

编辑标注(dimedit)用于编辑标注文字和延伸线。可以旋转、修改或恢复标注文字，更改尺寸界线的倾斜角，移动文字和尺寸线等。图 5-37(a)所示为原尺寸标注，执行编辑标注中的"倾斜"，输入角度−30，选择需要标注的尺寸，则尺寸界线倾斜 30°，结果如图 5-37(b)所示。

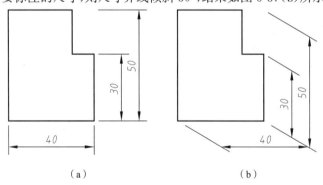

图 5-37　编辑标注

19. 编辑标注文字

编辑标注文字(dimtedit)用于编辑、移动和旋转标注文字，重新定位尺寸线。编辑标注文字和更改尺寸界线角度的等效命令为 dimedit。图 5-38(a)所示为编辑标注文字左对齐，图 5-38(b)为编辑标注文字右对齐，图 5-38(c)为编辑标注文字居中，图 5-38(d)为编辑标注文字左对齐并且倾斜−15°。

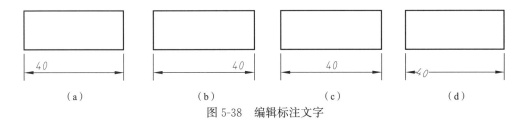

（a）　　　　　　（b）　　　　　　（c）　　　　　　（d）

图 5-38　编辑标注文字

20. 标注更新

标注更新(dimstyle)用于更新标注。图 5-38(c)所示为 1∶1 的标注样式下进行的标注,如果当前样式替换为 1∶50 的标注样式,可以通过标注更新命令选择尺寸 40,则该尺寸数字自动更新为 2000,更新后如图 5-39 所示。

图 5-39　标注更新

21. 标注样式控制下拉菜单

用于显示当前标注样式,可以更换标注样式。如图 5-40 所示,当前标注样式为"副本 jz50"。

22. 标注样式

标注样式(dimstyle)可以打开图 5-5 所示的"标注样式管理器"对话框,进行标注样式的新建、修改等设置。

【例 5-3】　绘制图 5-41(a)所示的图形并标注尺寸。

分析:此图需要用到粗实线层、点画线层、尺寸图层;图线包括已知线段、中间线段和连接线段。绘制顺序:绘制定位中心线;绘制已知线段和已知圆弧;绘制中间线段和圆弧;绘制连接线段和圆弧;标注尺寸。

绘图过程:

第一步,新建文件,设置粗实线层、点画线层、尺寸图层。

第二步,在点画线层下绘制定位中心线和底部定位线,如图 5-41(b)所示。

第三步,绘制已知线段和已知圆弧,如图 5-41(c)所示。

第四步,执行圆弧命令,利用 TTR 方式选择左右两个已知圆弧找到切点的大致位置,输入半径 60,绘制 $R60$ 的连接圆弧。利用修剪命令修剪多余的已知圆弧,如图 5-41(d)上部所示。

第五步,根据"外切圆弧圆心之间的距离是两个圆弧半径之和"这一规律,以 O_2 为圆心 $R65$ 为半径画圆弧,与底部定位线的延长线交于 O_3 点,以 O_3 为圆心 $R50$ 为半径画圆弧,如图 5-41(d)右侧所示。

第六步,根据"外切圆弧圆心之间的距离是两个圆弧半径之和"这一规律,以 O_1 为圆心 $R28$ 为半径画圆弧,与左侧 $R13$ 的圆弧交于 O_4;根据"内切圆弧圆心之间的距离是两个圆弧半径相减"这一规律,以 O_3 为圆心 $R37$ 为半径画圆弧,与右侧 $R13$ 的圆弧交于 O_5;分别以 O_4、O_5 为圆心 $R13$ 为半径画圆弧,如图 5-41(e)所示。

第七步,将图形变为粗实线,然后在尺寸线层标注尺寸。线性标注有 88、36、49、50、3 个 6 等;连续标注有 12、26、12 和 29、29;半径标注有 2 个 $R15$、2 个 $R13$、1 个 $R50$、1 个 $R60$。完成图如图 5-41(a)所示。

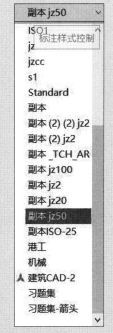

图 5-40　标注样式控制下拉菜单

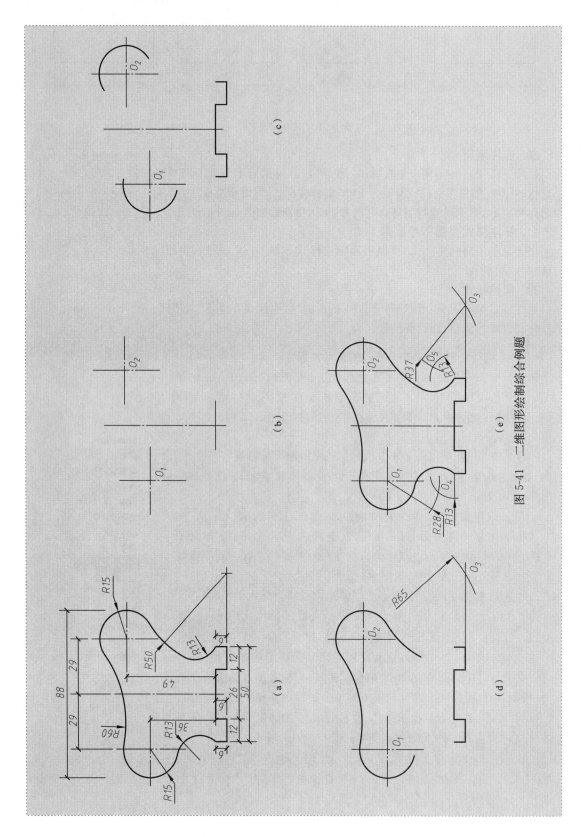

图 5-41 二维图形绘制综合例题

习 题

一、单选题

1. ( )可以标注 45°斜线的长度。
  A. 线性标注   B. 对齐标注   C. 连续标注   D. 快速标注
2. 下列选项中,不属于尺寸标注的选项有( )。
  A. 长度   B. 尺寸界线   C. 文本   D. 尺寸箭头
3. 打开尺寸样式的快捷键是( )。
  A. D   B. C   C. DIM   D. DST
4. 一个图形包含有多个标注样式,可以用( )选定其中一个标注样式。
  A. 新建   B. 修改   C. 置为当前   D. 样式替代
5. 建筑制图线性尺寸标注的尺寸箭头类型是( )。
  A. 实心闭合   B. 空心闭合   C. 建筑标志   D. 圆点
6. 建筑尺寸标注中的角度标注起止符号为( )
  A. 实心闭合   B. 空心闭合   C. 建筑标志   D. 圆点
7. 图线的实际长度为 100,将测量比例因子调整为 2 后标出的数字是( )。
  A. 100   B. 200   C. 50   D. 500
8. 快速标注的命令是( )。
  A. QDIMLINE   B. QDIM   C. QLEADER   D. DIM

二、多选题

1. 一个完整的尺寸由( )部分组成。
  A. 尺寸线、文本、箭头   B. 尺寸界线
  C. 尺寸数字   D. 尺寸起止符号
2. 下列属于线性尺寸的有( )。
  A. 水平尺寸   B. 垂直尺寸   C. 对齐尺寸   D. 引线标注尺寸
3. AutoCAD 软件操作过程中可以设置注释性的有( )。
  A. 尺寸标注样式   B. 文字样式   C. 图块   D. 多线样式
4. 尺寸标注样式中数字的小数分隔符有( )。
  A. 句号   B. 分号   C. 逗号   D. 空格

三、简答题

1. 简述隐藏尺寸线 1 和尺寸界线 1 的操作过程。
2. 如果尺寸界线之间没有足够的空间放置文字和箭头,可以将什么元素移出尺寸界线?
3. 在一幅建筑平面图中,如果按照 1:1 绘图,用 1:100 比例出图时,需要用 350mm 的尺寸数字,利用注释性选项怎么操作?

四、上机操作题

1. 用 AutoCAD 软件绘制图 5-42 和图 5-43,A3 图幅,比例和标题栏尺寸可自定。
2. 用 AutoCAD 软件绘制图 5-44,A3 图幅,1:1。
3. 用 AutoCAD 软件抄绘图 5-45,A3 图幅,1:10。

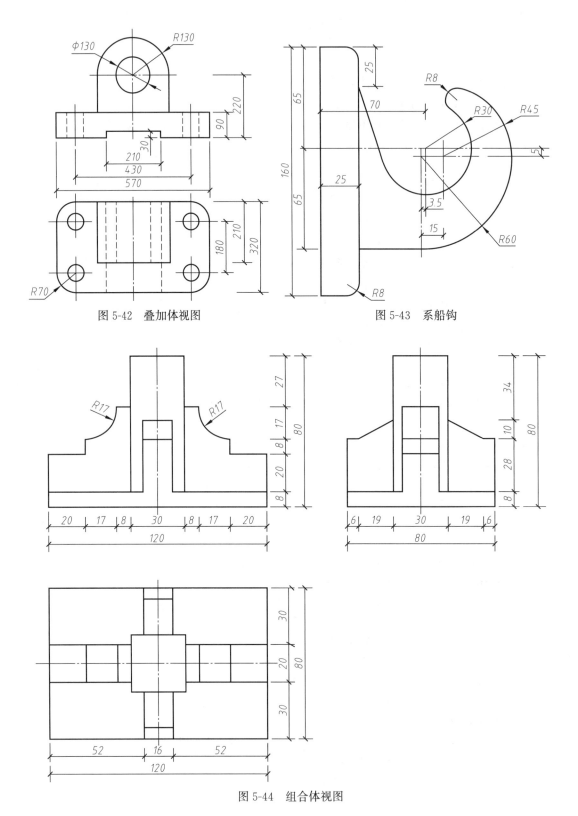

图 5-42 叠加体视图

图 5-43 系船钩

图 5-44 组合体视图

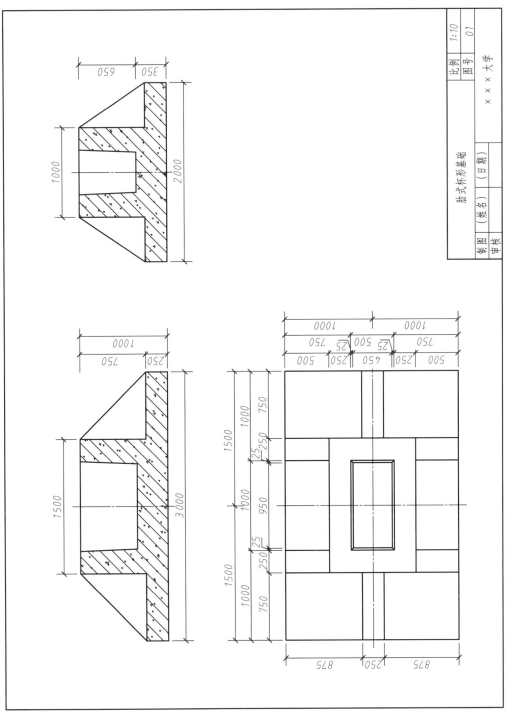

图 5-45 肋式杯型基础

第6章 二维图形的参数化绘图

AutoCAD 软件中的参数化技术是一种基于约束的产品建模方法,用约束来描述产品的外形特征,通过转变约束来获取不同的设计方案,可以使图形的拓扑信息和参数约束信息更加完善,成为初始设计、多方案比较和动态设计的有效手段。

6.1 二维图形参数化基础知识

● 视频

二维图形
参数化
基础知识

二维图形参数化:可通过不同的结构约束和尺寸约束将同样的基本几何元素变成基于不同约束的二维图形。在参数化设计中,组成二维图形的要素不仅仅是基本几何元素,还应当包括图形结构约束和尺寸约束。

1. 基本几何元素

基本几何元素包括点、线段、圆、圆弧、多段线、多边形、文字等图形要素,这些要素都包含一个以上特征点,例如直线的端点、圆的圆心等,这些特征点是参数化设计的基础。

2. 图形的结构约束

图形的结构约束包括非关系约束和关系约束。非关系约束包括自身水平和垂直等特定约束,关系约束包括平行、垂直、共线、相切、同心和对称约束等。关系约束在操作时有主体和从体之分。

3. 尺寸约束

尺寸约束分为关系尺寸和非关系尺寸,用于描述几何元素的大小和几何元素之间的相对位置大小。关系尺寸约束包括两平行线之间的距离、两直线之间的夹角、定位尺寸等;非关系尺寸约束有直线长度、圆的直径、圆弧的半径等自身尺寸约束。

尺寸约束参照点:在建立尺寸约束模型之前,首先要确定图形的参照点,这个参照点是图形的基准定位点,全部尺寸均以该点为起点开始建立,其位置会影响整个尺寸约束模型的精度。

尺寸约束是约束驱动的重要环节,根据尺寸约束通过特征点逐个驱动各几何元素,从而实现整个或局部图形的驱动。在执行尺寸约束时,可能会出现过约束或欠约束情况,需要对约束进行检查。

6.2 二维图形参数化工具简介

● 视频

二维图形
参数化
工具简介

AutoCAD 2021 版经典空间下"参数"菜单中的"几何约束"和"标注约束"子菜单如图 6-1 和图 6-2 所示。

AutoCAD 2021 版草图与注释空间下参数化工具栏如图 6-3 所示。

6.2.1 几何约束工具栏

AutoCAD 经典空间下的工具栏可以通过在工具栏区域适当位置右击调出,如图 6-4 所示,工具前面显示"√"即表示已调出该工具栏。几何约束工具栏如图 6-5 所示。

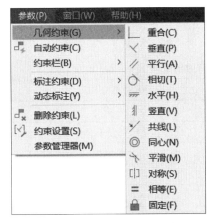

图 6-1　"几何约束"子菜单

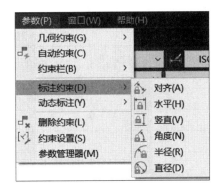

图 6-2　"标注约束"子菜单

图 6-3　参数化工具栏

图 6-4　调出工具栏的方法

图 6-5　几何约束工具栏

1. 重合

该约束可用于约束对象之间或对象上的点之间的几何关系或使其永久保持重合关系。例如，约束两个点使其重合，或者约束一个点使其位于曲线(或曲线的延长线)上。

将几何约束应用于一对对象时,选择对象的顺序以及选择每个对象的点可能会影响对象彼此间的放置方式。

表 6-1 所示为对象的有效约束点。

表 6-1　对象的有效约束点

对象	约束点
直线	端点、中点
圆弧	中心点、端点、中点
样条曲线	端点
圆	中心点
椭圆	中心点、长轴和短轴
多段线	直线的端点、中点和圆弧子对象、圆弧子对象的中心点
外部参照、属性、表格	插入点
块	插入点、嵌套图元
文字、多行文字	插入点、对齐点

如图 6-6(a)所示,直线 AB 与 CD 未相交,执行重合约束命令,根据命令行选择 AB 的中点为第一点,选择 CD 的中点为第二点,则 CD 向 AB 移动至 AB 和 CD 的中点重合。鼠标指向重合后的中点时,会有重合约束提示,如图 6-6(b)所示。如果选择 CD 的中点为第一点,则直线 AB 向 CD 移动。

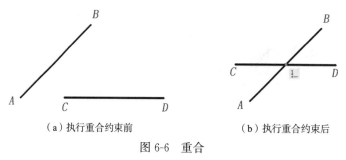

（a）执行重合约束前　　　　　　　（b）执行重合约束后

图 6-6　重合

2. 垂直(gcperpendlcular)

使选定的直线位于彼此垂直的位置。如图 6-7(a)所示,直线 AB 与 CD 未垂直,执行垂直约束命令,根据命令行提示分别选择 AB 和 CD,垂直状态会有多种,执行结束后的一种垂直状态如图 6-7(b)所示。

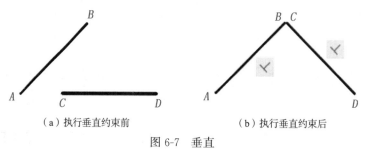

（a）执行垂直约束前　　　　　　　（b）执行垂直约束后

图 6-7　垂直

3. 平行（gcparallel）

使选定的直线彼此平行。如图 6-8 所示，直线 AB 与 CD 未平行，执行平行约束命令，选择 AB 为第一条线，再选择 CD，则 AB 与 CD 平行，如图 6-8(b) 所示。如果选择 CD 为第一条线，则两条直线平行时均呈水平状态。

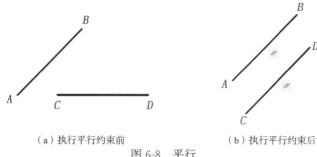

（a）执行平行约束前　　　　　　　　　　（b）执行平行约束后

图 6-8　平行

4. 相切（gctangent）

将对象约束为保持彼此相切或其延长线保持彼此相切。图 6-9(a)、图 6-9(b) 所示为直线与圆相切约束，图 6-9(c)、图 6-9(d) 所示为圆弧与圆相切约束。

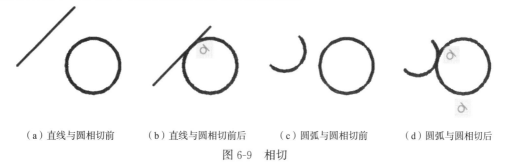

（a）直线与圆相切前　（b）直线与圆相切前后　（c）圆弧与圆相切前　（d）圆弧与圆相切后

图 6-9　相切

5. 水平（gchorizontal）

使直线或点位于与当前坐标系的 X 轴平行的位置。图 6-10 所示为约束两圆圆心为水平状态，操作时需要按照两点进行约束，操作过程如下：

命令：_GCHORIZONTAL

选择对象或［两点(2P)]＜两点＞：　　　　　　　　　　（回车）

选择第一个点：　　　　　　　　　　（鼠标放在小圆的圆周上）

选择第二个点：　　　　　　　　　　（鼠标放在大圆的圆周上）

由图 6-10 可知，执行水平约束命令后大圆向小圆的圆心方向竖直移动。

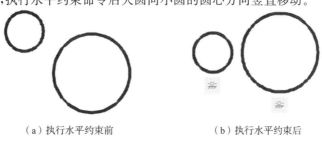

（a）执行水平约束前　　　　　　　　　　（b）执行水平约束后

图 6-10　水平

6. 竖直（gcvertical）

使直线或点位于与当前坐标系 Y 轴平行的位置。图 6-11 为约束两圆圆心为竖直状态，操作时需要按照两点进行约束。操作过程如下：

命令：_GCVERTICAL

选择对象或［两点(2P)］＜两点＞：　　　　　　　　　　（回车）

选择第一个点：　　　　　　　　　　　（鼠标放在小圆的圆周上）

选择第二个点：　　　　　　　　　　　（鼠标放在大圆的圆周上）

由图 6-11 可知，执行竖直约束命令后大圆向小圆的圆心方向水平移动。

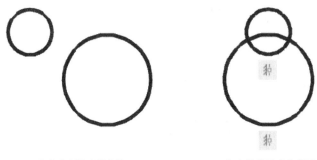

（a）执行竖直约束前　　　　　　　　　　（b）执行竖直约束后

图 6-11　竖直

7. 共线（gccollinear）

使两条或多条直线段在同一直线方向，如图 6-12 所示。

命令：_GCCOLLINEAR

选择第一个对象或［多个(M)］:M

选择第一个对象：　　　　　　　　　　（选择 L_2）

选择对象以使其与第一个对象共线：　　　　（选择 L_1）

选择对象以使其与第一个对象共线：　　　　（选择 L_3）

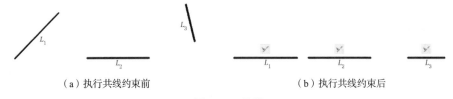

（a）执行共线约束前　　　　　　　　　　（b）执行共线约束后

图 6-12　共线

8. 同心（gcconcentric）

将两个圆弧、圆或椭圆约束到同一个中心点。图 6-13 所示为约束两圆同心，将大圆作为第一个选择对象，执行同心约束命令后，小圆向大圆内部移动至与大圆同心。

9. 平滑（gcsmooth）

将样条曲线约束为连续，并与其他样条曲线、直线、圆弧或多段线保持连续性。图 6-14 所示为执行平滑约束的示例。

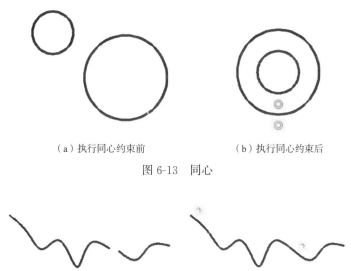

（a）执行同心约束前　　　　　　　（b）执行同心约束后

图 6-13　同心

（a）执行平滑约束前　　　　　　　（b）执行平滑约束后

图 6-14　平滑

10. 对称（gcsymmetric）

使选定对象受对称约束，相对于选定直线对称。图 6-15 所示为执行对称约束的示例。

11. 相等（gcequal）

将选定圆弧和圆的尺寸重新调整为半径相同，或将选定直线的尺寸重新调整为长度相同。图 6-16 所示为执行相等约束的示例。

命令：_GCEQUAL
选择第一个对象或 [多个(M)]:M
选择第一个对象:(选择右侧圆)
选择对象以使其与第一个对象相等：　　　(选择左上角的圆)
选择对象以使其与第一个对象相等：　　　(选择下方的圆)
选择对象以使其与第一个对象相等：　　　(右键确定)
设为相等的对象半径

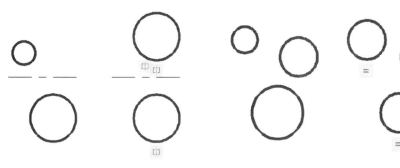

（a）执行对称约束前　　（b）执行对称约束后　　　（a）执行相等约束前　　　（b）执行相等约束后

图 6-15　对称　　　　　　　　　　　图 6-16　相等

12. 固定（gcfix）

将点和曲线锁定在选定的位置。图 6-17 所示的直线固定点在中点,圆的固定点在圆心。执行缩放命令时可以相对固定点变化,不能移动对象的位置。当图中需要约束的对象较多时,常指定一个固定点,防止随着约束增多导致图形混乱。

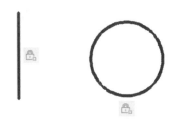

图 6-17　固定

6.2.2　自动约束

自动约束是指根据对象相对于彼此的方向将几何约束应用于对象的选择集。灵活地使用自动约束,可以使绘图更加便捷高效。

1. 二维图形自动约束

选择图 6-1 所示 AutoCAD 顶部菜单栏中的"参数化"→"自动约束"命令,根据命令行出现的指示进行相应的操作,选择图 6-18(a)所示全部对象,执行结果如图 6-18(b)所示,该图形中有平行、垂直、相切、共线等约束形式。

2. 设置自动约束

选择图 6-1 所示 AutoCAD 顶部菜单栏中的"参数化"→"约束设置"命令,或者执行"自动约束"命令后输入 S 并回车,打开图 6-19 所示的"约束设置"对话框,该对话框中可以设置几何、标注、自动约束 3 种约束选项。图 6-19 所示几何约束默认全部选中,可以修改约束栏的透明度(默认50%);图 6-20 所示标注约束可以选择标注名称格式,可以设置是否显示注释性约束图标或者是否显示隐藏的动态约束;图 6-21 所示自动约束默认不选中"相等"约束,可以选中"相等"约束,也可以调整公差的距离和角度。

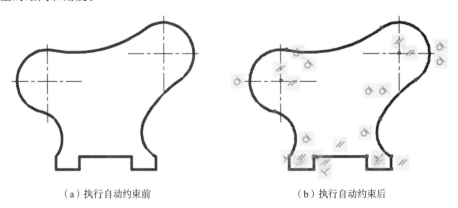

（a）执行自动约束前　　　　　　　　　　（b）执行自动约束后

图 6-18　自动约束

图 6-19　约束设置－几何

图 6-20　约束设置－标注

图 6-21　约束设置－自动约束

6.2.3　标注约束工具栏

1. 标注约束工具栏概述

标注约束控制设计的大小和比例。它们可以约束以下内容：对象之间或对象上的点之间的距离；对象之间或对象上的点之间的角度；圆弧和圆的大小。如果更改标注约束的值，会计算对象上的所有约束，并自动更新受影响的对象。用多段线命令等绘制的图块类图形中的每个线段均可以单独添加约束。图 6-22 所示为矩形添加长和宽标注约束的显示状态，添加约束后长和宽不可以用夹持点编辑命令或者缩放命令改变大小，可以通过修改约束数值改变矩形大小。

标注约束中显示的小数位数由 LUPREC 和 AUPREC 系统变量控制。执行操作如下：

命令：LUPREC

输入 LUPREC 的新值 ＜4＞：3

命令：AUPREC

输入 AUPREC 的新值 ＜0＞：2

以上操作执行完毕可到"图形单位"对话框中检验设置结果，如图 6-23 所示。

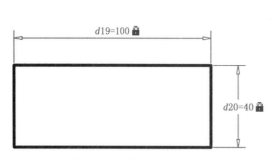

图 6-22　标注约束显示示例

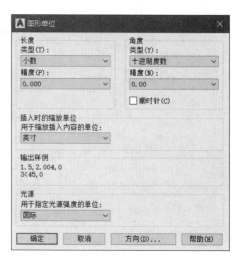

图 6-23　图形单位

标注约束与标注对象的区别：

(1)标注约束用于图形的设计阶段,而标注通常在文档阶段进行创建。

(2)标注约束驱动对象的大小或角度,而标注由对象驱动。

(3)默认情况下,标注约束并不是对象,仅以一种标注样式显示,在缩放操作过程中保持相同大小,且不能输出到设备。如果需要输出具有标注约束的图形或使用标注样式,可以将标注约束的形式从动态更改为注释性。

将标注约束的形式从动态更改为注释性的方法:执行 PROPERTIES 命令,或者选择动态标注后右击,打开特性对话框,单击"约束形式"右侧的下拉按钮选择"注释性",如图 6-24 所示。将图 6-22 所示的矩形长和宽动态约束改为注释性约束后(见图 6-25),这两个尺寸均可打印输出,同时这两个尺寸的特性选项板显示的内容发生变化,更侧重于尺寸元素。

图 6-24　动态改为注释性对话框

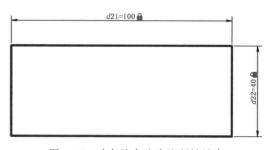

图 6-25　动态约束改为注释性约束

通过参数管理器,可以定义自定义用户变量,可以从标注约束及其他用户变量内部引用这些变量。定义的表达式可以包括各种预定义的函数和常量。

2. 标注约束工具栏的应用

标注约束工具栏如图 6-26 所示。

图 6-26　标注约束工具栏

（1）对齐约束：可以约束不同对象上两个点之间的距离。有效对象和约束点见表 6-2。此命令相当于 DIMCONSTRAINT 中的"对齐"选项。

表 6-2　对齐标注约束有效的约束对象和约束点

有效对象或有效点	特　　性
直线 多段线线段 圆弧 对象上的两个约束点 直线和约束点 两条直线	（1）选定直线或圆弧后，对象的端点之间的距离将受到约束。 （2）选择直线和约束点后，直线上的点与最近的点之间的距离将受到约束。 （3）选择两条直线后，直线将设为平行并且直线之间的距离将受到约束

图 6-27（a）所示为对齐约束的两点约束示例；图 6-27（b）所示为对齐约束的两图形之间约束示例。

注意：如果需要约束两个图形之间的距离，需要为图形添加"自动约束"后再执行对齐约束，否则对齐约束只约束到点之间的距离，约束的图形会发生变形。如图 6-27（b）所示，为了约束两矩形之间的距离为 20，需要先将右侧矩形执行自动约束，执行后图中有平行、垂直和水平 3 个几何约束。

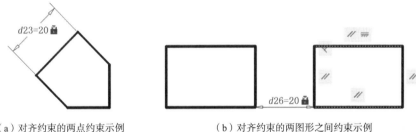

（a）对齐约束的两点约束示例　　　　（b）对齐约束的两图形之间约束示例

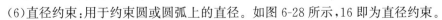

图 6-27　对齐

（2）水平约束：可以约束不同对象上两个点之间的水平距离，或者同一对象的水平尺寸。图 6-22 中的尺寸 100 即为水平约束尺寸。

（3）竖直约束：可以约束不同对象上两个点之间的竖直距离，或者同一对象的竖直尺寸。图 6-22 中的尺寸 40 即为竖直约束尺寸。

（4）角度约束：用于约束直线段或多段线之间的角度、由圆弧或多段线扫掠得到的角度，或者对象上 3 个点之间的角度。图 6-28 所示 135°即为角度约束。

（5）半径约束：用于约束圆或圆弧上的半径。如图 6-28 所示，10 即为半径约束。

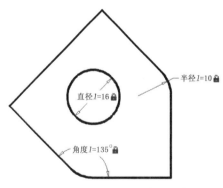

图 6-28　角度、半径、直径约束

（6）直径约束：用于约束圆或圆弧上的直径。如图 6-28 所示，16 即为直径约束。

6.2.4　参数化工具栏

参数化工具栏如图 6-29 所示。

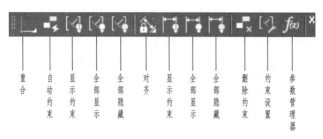

图 6-29　参数化工具栏

1. 重合

约束两个点使其重合,或者约束一个点使其位于曲线(或曲线的延长线)上。与几何约束工具栏中的"重合"相同。

2. 自动约束

根据对象相对于彼此的方向将几何约束应用于对象的选择集。将多个几何约束应用于选择的对象。图 6-27(b)中右侧的矩形即为执行自动约束以后的显示状态。

3. 显示约束

显示或隐藏选定对象的几何约束。将光标置于受约束对象上,可亮显与选定对象关联的约束图标。

4. 全部显示

显示图形中的所有几何约束。可以针对受约束几何图形的所有或任意选择集显示或隐藏约束栏。

5. 全部隐藏

隐藏图形中的所有几何约束。可以针对受约束几何图形的所有或任意选择集隐藏约束栏。

6. 对齐

约束对象上两个点之间的距离,或者约束不同对象上两个点之间的距离。与标注约束中的对齐约束相同。

7. 显示约束

显示或隐藏选定对象的动态标注约束。

8. 全部显示

显示图形中的所有动态标注约束。

9. 全部隐藏

隐藏图形中的所有动态标注约束。

10. 删除约束

删除选定对象上的所有约束。

11. 约束设置

控制约束栏上的约束显示,见图 6-19～图 6-21。

12. 参数管理器

在一个图形中定义了很多标注参数和用户定义参数时,可取的做法是使用参数管理器创建多个参数组,然后通过简单的拖放操作,将这些参数分配给其中一个或多个组。这样,用户可以一次查看一组参数,从而组织和限制这些参数在参数管理器中的显示。因此,参数组用作参数列表的显示过滤器。

参数管理器对话框如图 6-30 所示。

（1）创建、修改或删除参数组

- 创建参数组：单击图 6-30 左上角的"新建参数组"按钮 ，指定组名，将不同图形的参数归类为不同的参数组，可以提高参数管理效率。如图 6-31 所示，"和平鸽参数组"与"地砖参数组"即为新建的参数组。
- 重命名参数组：在参数名称上右击，选择"重命名"命令并指定一个新组名。
- 删除参数组：在参数名称上右击，选择"删除"命令。

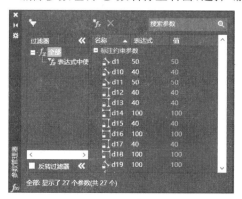

图 6-30　参数管理器

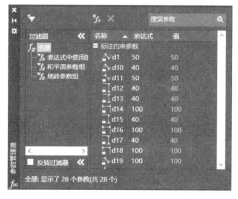

图 6-31　创建参数组

（2）参数过滤器：展开"参数管理器"中的过滤器树时会显示在当前空间、模型空间或某一布局中创建的所有组过滤器。无法编辑过滤器树中显示的以下两个预定义过滤器：

- 全部：列出当前空间中的所有参数。
- 表达式中使用的所有参数：列出表达式中使用的或由表达式定义的所有参数。

使用"反转过滤器"选项时，将显示不属于该组的所有参数，而不显示仅属于该组的参数。

（3）使用参数管理器控制几何图形。参数管理器列出了标注约束参数、参照参数和用户变量，可以从参数管理器中轻松地创建、修改和删除参数，它支持以下操作：

- 单击标注约束参数的名称以亮显图形中的约束。
- 双击名称或表达式以进行编辑。
- 右击选择"删除"命令以删除标注约束参数或用户变量。
- 单击列标题以按名称、表达式或值对参数的列表进行排序。

6.3　二维图形参数化绘制举例

视频 ●

【例 6-1】　如图 6-32 所示，绘制任意三角形，将其改成边长为 30、40、50 的直角三角形。

分析：可以绘制任意三角形，执行"自动约束"，然后执行"标注约束"中的对齐标注。

绘图过程：

二维图形
参数化
绘制举例

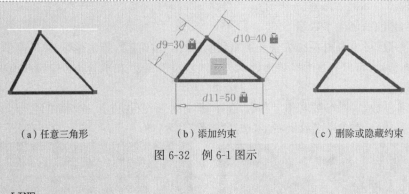

（a）任意三角形   （b）添加约束   （c）删除或隐藏约束

图 6-32   例 6-1 图示

命令:_LINE
指定第一个点:
指定下一点或 [放弃(U)]:
指定下一点或 [放弃(U)]:
指定下一点或 [闭合(C)/放弃(U)]:
指定下一点或 [闭合(C)/放弃(U)]: * 取消 *   [任意三角形绘制完成,图 6-32(a)]
命令:_AUTOCONSTRAIN
选择对象或 [设置(S)]:指定对角点:找到 3 个   (屏幕上指定三角形为自动约束对象)
选择对象或 [设置(S)]:
已将 4 个约束应用于 3 个对象
命令:_DCALIGNED
指定第一个约束点或 [对象(O)/点和直线(P)/两条直线(2L)]＜对象＞:   (回车)
选择对象: (屏幕上指定最下方的边)
指定尺寸线位置: (屏幕上指定位置)
标注文字 = 60   (屏幕上输入 50)
命令:DCALIGNED
指定第一个约束点或 [对象(O)/点和直线(P)/两条直线(2L)]＜对象＞:(回车)
选择对象: (选择右侧边)
指定尺寸线位置: (屏幕上指定位置)
标注文字 = 46   (屏幕上输入 40)
命令:DCALIGNED
指定第一个约束点或 [对象(O)/点和直线(P)/两条直线(2L)]＜对象＞:(回车)
选择对象: (选择左侧边)
指定尺寸线位置: (屏幕上指定位置)
标注文字 = 42   (屏幕上输入 30)
绘制完成后得到图 6-32(b)所示的图形,选择约束将其删除或者隐藏,得到图 6-32(c)。

【例 6-2】 绘制图 6-33 所示图形,要求矩形为 100mm×40mm;5 个圆以竖直中心线为对称轴左右对称,直径相等并依次相切,第一、三、五圆分别与矩形相应的边相切。

分析:只有矩形尺寸已知,可以先画出适当大小的圆,再执行自动约束、固定约束、相等约束、相切约束等约束命令。

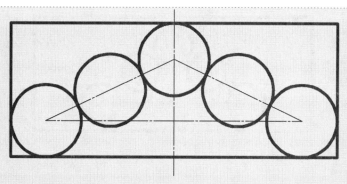

图 6-33 例 6-2 图示

绘图过程:

第一步,绘制图形。用矩形命令绘制 100mm×40mm 的矩形,用直线命令绘制中心线和适当尺寸的三角形,用圆命令绘制适当半径的圆,用复制和镜像命令绘制出图 6-34 所示的图形。执行过程如下:

命令:_RECTANG

指定第一个角点或 [倒角(C)/标高(E)/圆角(F)/厚度(T)/宽度(W)]:

指定另一个角点或 [面积(A)/尺寸(D)/旋转(R)]:@100,60(此处为相对坐标,也可用动态输入)

命令:_LINE　　　　　　　　　　　　　　　　　　　(绘制竖直中心线)

指定第一个点:

指定下一点或 [放弃(U)]:

指定下一点或 [放弃(U)]:

命令:_LINE　　　　　　　　　　　　　　　　　　　(绘制圆的中心线)

指定第一个点:

指定下一点或 [放弃(U)]:

指定下一点或 [放弃(U)]:

指定下一点或 [闭合(C)/放弃(U)]:

命令:_CIRCLE　　　　　　　　　　　　　　　　　　(绘制适当半径的圆)

指定圆的圆心或 [三点(3P)/两点(2P)/切点、切点、半径(T)]:

指定圆的半径或 [直径(D)]<5.2361>:

命令:_COPY 找到 1 个　　　　　　　　　　　　　　(复制圆)

当前设置:复制模式 = 多个

指定基点或 [位移(D)/模式(O)]<位移>:

指定第二个点或 [阵列(A)]<使用第一个点作为位移>:

指定第二个点或 [阵列(A)/退出(E)/放弃(U)]<退出>:

指定第二个点或 [阵列(A)/退出(E)/放弃(U)]<退出>:*取消*

命令:指定对角点或 [栏选(F)/圈围(WP)/圈交(CP)]:

命令:_MIRROR 找到 5 个　　　　　　　　　　　　　(镜像圆和中心线)

指定镜像线的第一点:

指定镜像线的第二点:　　　　　　　　　　　　　　(绘制完成,如图 6-34 所示)

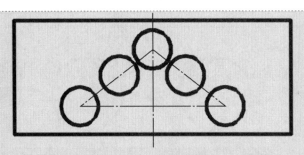

图 6-34　第一步绘制图形

第二步,给第一步绘制的所有图元添加一个自动约束。执行过程如下:

命令:_AUTOCONSTRAIN　　　　　　　　　　　　　　(添加自动约束)

选择对象或[设置(S)]:指定对角点:找到 11 个(选择图 6-34 中的所有图线,包括实线与点画线)

选择对象或[设置(S)]:

已将 18 个约束应用于 11 个对象

命令:_GCFIX　　　　　　　　　　　　　　　　(指定固定约束点为矩形左下角点)

选择点或[对象(O)]<对象>:

命令:_DCHORIZONTAL　　　　　　　　　　　　(给矩形指定一个水平约束尺寸为100)

指定第一个约束点或[对象(O)]<对象>:

选择对象:

指定尺寸线位置:

标注文字 = 100

命令:_DCVERTICAL　　　　　　　　　　　　　(给矩形指定一个垂直约束尺寸为40)

指定第一个约束点或[对象(O)]<对象>:

选择对象:

指定尺寸线位置:

标注文字 = 40

执行结果如图 6-35 所示。

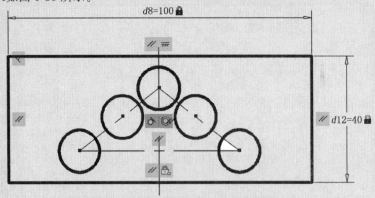

图 6-35　第二步添加自动约束与固定约束

第三步,添加相等约束,给上图的 5 个圆添加一个相等约束,使其半径均相等。执行过程
如下:

命令:_GCEQUAL

选择第一个对象或 [多个(M)]:M　　　　　　　　　　　　　(拾取 5 个圆)

选择第一个对象:

选择对象以使其与第一个对象相等:

选择对象以使其与第一个对象相等:

选择对象以使其与第一个对象相等:

选择对象以使其与第一个对象相等:

选择对象以使其与第一个对象相等:

设为相等的对象半径

执行结果如图 6-36 所示。

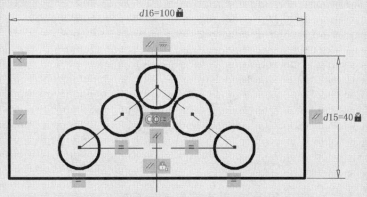

图 6-36　第三步添加相等约束

第四步,添加相切约束,使 5 个圆两两相切,并且与对应的矩形边相切。执行过程如下:

命令:_GCTANGENT　　　　　(选择最上方的圆与矩形上边相切)

选择第一个对象:　　　　　(选择最上方的圆与矩形上边相切)

选择第二个对象:

命令:GCTANGENT　　　　　(选择最上方的圆与左下相邻圆相切,以下几步操作类似)

选择第一个对象:

选择第二个对象:

命令:GCTANGENT

选择第一个对象:

选择第二个对象:

命令:GCTANGENT

选择第一个对象:

选择第二个对象:

命令:GCTANGENT

选择第一个对象:

选择第二个对象：
命令：GCTANGENT
选择第一个对象：
选择第二个对象：
命令：GCTANGENT
选择第一个对象：
选择第二个对象：
命令：GCTANGENT
选择第一个对象：
选择第二个对象：
执行结果如图 6-37 所示。

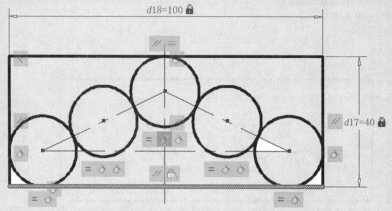

图 6-37　第四步添加相切约束

命令：_DELCONSTRAINT　　　　　　　　　　　　　（删除或隐藏约束）
将删除选定对象的所有约束...找到 12 个
已删除 27 个约束
执行结果如图 6-38 所示。

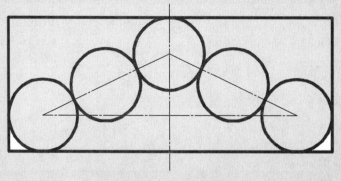

图 6-38　删除或隐藏约束

【例 6-3】　绘制图 6-39 所示图形。

分析：由图 6-39 可知，$R10$、$R18$、$R4$ 是已知圆弧；$R50$ 与 $R4$ 内切、与 $R8$ 外切，传统手工图画法是利用"外切半径加""内切半径减"的方法确定圆心。如果利用相切约束，可直接画出 $R50$，然后再利用倒圆角的命令绘制 $R8$ 即可。

绘图过程：

第一步，画出已知圆弧和定位线，如图 6-40 所示。

第二步，执行偏移命令，绘制两条间距为 16 的辅助线，如图 6-41 所示。

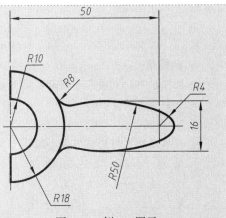

图 6-39　例 6-3 图示

第三步，选择图 6-41 所示的所有图线，添加自动约束，并添加固定约束点。添加 50 水平约束和 16 竖直约束。绘制适当半径的圆弧，添加 $R50$ 半径约束，添加 $R4$ 半径约束。执行相切约束，选择第一个对象为 $R4$，第二个对象为 $R50$，使两个圆弧内切；继续执行相切约束，选择上方水平辅助线为第一个对象，$R50$ 是第二个对象，使辅助线与圆弧相切，如图 6-42 所示。

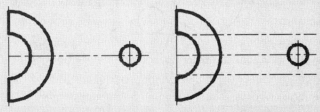

图 6-40　绘制已知线段　　　　　图 6-41　绘制辅助线

第四步，执行倒圆角命令，将圆角半径设置为 8，修剪模式为不修剪，如图 6-43 所示。

第五步，执行修剪命令裁剪多余的作图线，执行镜像命令，删除约束和辅助线，将动态约束尺寸调整为注释性尺寸，即可得到图 6-39。尺寸也可另行标注。

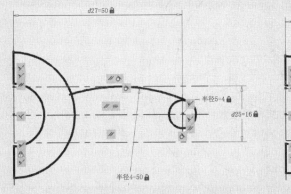

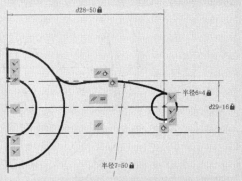

图 6-42　执行约束　　　　　　　图 6-43　倒圆角

习 题

一、选择题

1. 执行水平约束将两个圆的圆心放在一个水平线上,选择对象时需要将鼠标放在( )上分别单击确定。

　A. 圆周　　　　　B. 圆心　　　　　C. 坐标原点　　　　D. 圆心连线

2. 以下属于几何约束的命令有( )。

　A. 水平　　　　　B. 共线　　　　　C. 角度　　　　　D. 相切

3. 以下属于标注约束的有( )。

　A. 线性　　　　　B. 平行　　　　　C. 直径　　　　　D. 相等

二、上机操作题

1. 用参数化工具绘制图 6-44 和图 6-45。

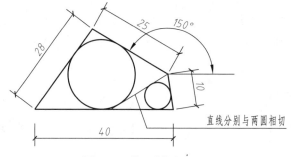

图 6-44　第1题图示(一)

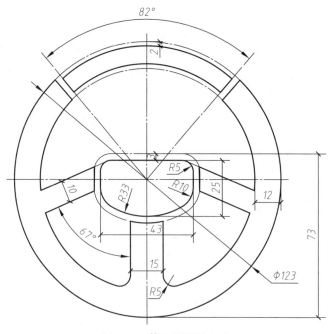

图 6-45　第1题图示(二)

2. 用参数化工具绘制图 6-46～图 6-48。（根据 CaTICs 赛题改编）

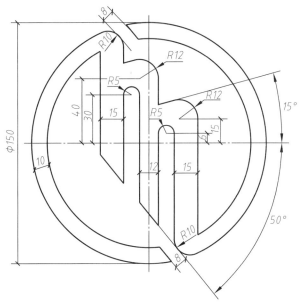

图 6-46　第 2 题图示（一）

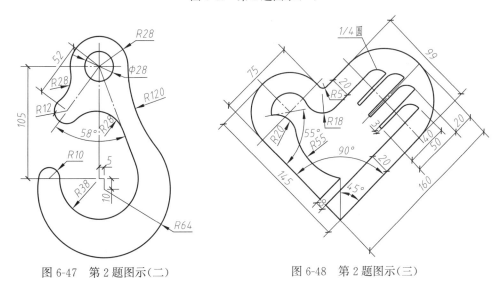

图 6-47　第 2 题图示（二）　　　　图 6-48　第 2 题图示（三）

第7章 图形输入/输出与打印发布

AutoCAD 软件不仅可以绘制图形,还可以输入或输出多种格式的文件,为图形共享提供便利条件。

7.1 外部图形输入

● 视频
外部图形
输入

1. 图形输入

图形输入的 3 种方式:单击 AutoCAD 左上角的 按钮,找到"输入",单击右侧的三角按钮,可以选择输入的文件类型,如图 7-1 所示;点击"文件"下拉菜单,找到"输入"(见图 7-2),也可选择输入的文件;在命令行输入命令"import",可以弹出图 7-3 所示的"输入文件"对话框。

可输入的文件类型有 PDF、SolidWorks 等。本节仅说明输入 PDF 文件的处理命令,处理其他类型文件的命令可参考网络资源。

图 7-1 图形输入方式 1

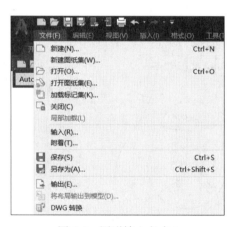

图 7-2 图形输入方式 2

根据图 7-3 提示选择需要输入的 PDF 文件之后,打开图 7-4 所示的"输入 PDF"对话框,在"要输入的页面"栏可选择一次输入一个或者多个 PDF 页面;在"位置"栏可设置插入比例和选择角度;在"要输入的 PDF 数据"栏可选中"向量几何图形"复选框等;在"图层"栏可选择图形所需的图层(圆形表示单选);在"输入选项"栏可选择图形的线型、线宽等。

与处理外部 PDF 文件有关的命令:

(1)PDFATTACH:快捷命令是 PDF,用于插入 PDF 参考底图,也可选择菜单栏中的"插入"→"PDF 参考底图"命令。

(2)PDFIMPORT:输入 PDF 文件,图层使用 PDF 图层。如果原 PDF 文件中含有图层和线型等信息,则导入之后对象可编辑。也可选择菜单栏中的"文件"→"输入"命令。

图 7-3 "输入文件"对话框

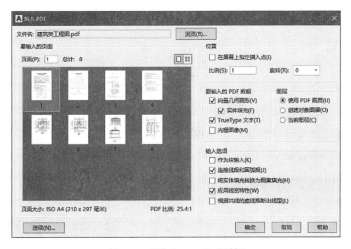

图 7-4 "输入 PDF"对话框

（3）PDFCLIP：PDF 参考底图裁剪。

（4）PDFLAYERS：控制 PDF 参考底图中图层的显示。

（5）PDFADJUST：调整 PDF 参考底图的淡入度、对比度和单色设置。淡入度的数值为 0～100，默认为 25，数值越大底图越淡；对比度的数值为 0～100，默认为 75，数值越大明暗对比越明显；单色设置可以调整 PDF 的颜色为单色。

（6）PDFSHXTEXT：通过命令行，将从 PDF 文件中输入的 SHX 几何图形转换为单个多行文字对象。

2. 图形插入

"插入"菜单中包括 DWG 参照、DWG 参考底图、DGN 参考底图、PDF 参考底图、光栅图像参照、字段、布局等，如图 7-5 所示。在图 7-5 中找到"PDF 参考底图"，打开图 7-6 所示对话框，在该对话框中可以选择插入一个或多个 PDF，可以设置插入点、插入比例和角度等信息。

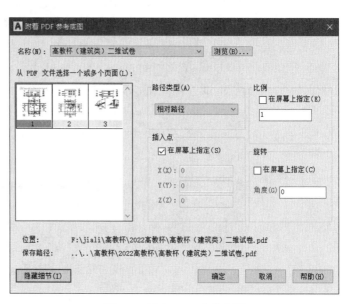

图 7-5 "插入"菜单

图 7-6 插入 PDF 参考底图

● 视频
图形的输出

7.2 图形的输出

选择菜单栏中的"文件"→"输出"命令,打开图 7-7 所示的"输出数据"对话框,可输出的文件类型有三维 DWF、图元文件 DWFx、块等,如图 7-8 所示。选定输出类型后单击图 7-7 中的"保存"按钮即可将图形输出。

图 7-7 数据输出

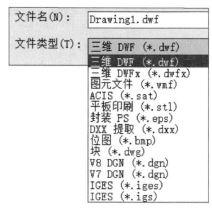

图 7-8 数据输出可选类型

1. 三维 DWF(* . dwf)

为了能够在 Internet 上显示 AutoCAD 图形,Autodesk 采用了一种称为 DWF(Drawing Web Format)的新文件格式。该格式支持图层、超链接、背景颜色、距离测量、线宽、比例等图形特性。

用户可以在不损失原始图形文件数据特性的前提下通过 DWF 文件格式共享其数据和文件。DWF 文件的优点是可以被压缩、在网络上传输较快、更安全；缺点是不能显示着色或阴影图，查看文件时需要用 Autodesk 查看器等工具，将 DWF 文件转换回 DWG 格式需要使用第三方供应商的文件转换软件。

DWFx 是 Design Review 中的默认文件格式，基于 Microsoft 的 XML 文件规范（XPS），更易于与没有安装 Design Review 的人员共享设计数据。

2. 图元文件（＊.wmf）

图元文件的扩展名是.wmf，Windows 兼容计算机的一种矢量图形和光栅图格式，通常用于字处理剪贴画。wmf 格式文件所占的磁盘空间比其他任何格式的图形文件都要小得多。

3. ACIS（＊.sat）

ACIS 文件（＊.sat）支持实体和面颜色、曲线及线架图几何体的输入和输出，将面与边线的实体属性信息输出至 ACIS 文件，此信息会保留在 ACIS 文件中。

4. 平板印刷（＊.stl）

＊.stl 文件为平板印刷格式，也称为 3D 打印格式，在 stl 文件中的内容为三维实体或无间隙的网格。

5. 封装 PS（＊.eps）

将 CAD 图纸在 CAD 的视图窗口里调整好视角颜色，文件类型选择"封装 PS（＊.eps）"，CAD 就生成了 eps 矢量文件文件。在 Photoshop 中打开输出的 eps 矢量文件，并输入适当的分辨率即可。

6. DXX 提取（＊.dxx）

AutoCAD 绘图交换文件属性，应用较少。

7. 位图（＊.bmp）

bmp（bitmap 的缩写）文件格式是 Windows 本身的位图文件格式，即 Windows 内部存储位图所采用的格式。bmp 文件可用每像素 1、4、8、16 或 24 位来编码颜色信息，这个位数称作图像的颜色深度，它决定了图像所含的最大颜色数。

8. 块（＊.dwg）

图块是将多个实体组合成一个整体，并给这个整体命名保存，在以后的图形编辑中图块就被视为一个实体。一个图块包括可见的实体，如线、圆、圆弧以及不可见的属性数据。图块的运用可以帮助用户更好地组织工作，快速创建与修改图形，减少图形文件的大小。

9. V8 DGN（＊.dgn）

V8 DGN 是遵循 Intergraph 标准文件格式（ISFF）的早期 V7 DGN 格式的扩展，是 Bentley MicroStation 的本地格式。目前，V8 DGN 是一种流行的 CAD 格式，拥有庞大的用户群。.dgn 文件是 V8 DGN 格式的 CAD 文件。V7 DGN 与 V8 类似。

10. IGES（＊.iges）

IGES 是初始图形交换规范的缩写。在创建 IGES 格式后，工程师和其他设计专业人员能够发送和接收 3D CAD 文件，并在所有主要软件系统上导入零件几何形状。IGES 已经成为一个广泛领域的标准，包括军事、汽车、航空航天等，文件格式是＊.iges。

IGES 主要用于不同三维软件系统的文件转换。该格式的文件可以通过 UG、SolidWorks、CATIA、Pro-E 等三维建模软件打开，但是无法编辑和修改。

●视频

模型空间与
图纸（布局）
空间

7.3　模型空间与图纸（布局）空间

AutoCAD 中有两种不同的工作环境，称为"模型空间"和"图纸空间"，两个空间都可打印出图。模型空间可以从"模型"选项卡访问，图纸空间可以从"布局"选项卡访问。图 7-9 所示为 AutoCAD 左下角的模型和图纸空间按钮。如果左下角没有图 7-9 所示选项卡，可以在命令提示下输入 OPTIONS，然后选中"显示"选项卡上的"显示布局和模型"选项卡即可。

| 模型 | 布局1 | 布局2 | ＋ |

图 7-9　模型和图纸空间

7.3.1　模型空间

1. 模型空间的基本概念

模型空间是完成绘图和设计工作的空间，可以完成二维或三维物体的造型，并且可以根据需求用多个二维或三维视图来表示物体，同时配有必要的尺寸标注和注释等来完成所需要的全部绘图工作。在模型空间中，用户可以创建多个不重叠的（平铺）视图以展示物体，也可切换到图纸空间来查看图形的位置、大小比例等。默认的模型空间是无限三维绘图区域，设置好绘图单位以后可以按照 1∶1 的比例绘图。

2. 模型空间打印出图

选择菜单栏中的"文件"→"打印"命令，打开图 7-10 所示的"打印－模型"对话框，在该对话框中有页面设置、打印机/绘图仪、图纸尺寸、打印区域、打印偏移、打印比例等设置栏。单击图 7-10 所示右下角的箭头按钮，可将对话框展开，如图 7-11 所示。与图 7-10 相比，图 7-11 增加了打印样式表、着色视口选项、打印选项、图形方向等设置栏。

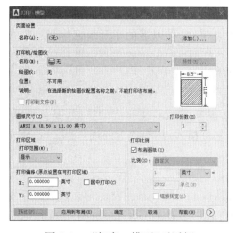

图 7-10　"打印－模型"对话框

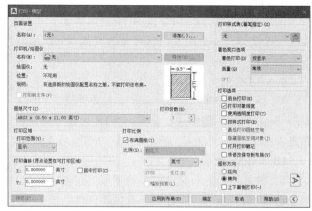

图 7-11　"打印－模型"扩展对话框

（1）打印机/绘图仪：打印机/绘图仪设置栏可选的类型有 OneNote、Adobe PDF 等，如图 7-12 所示（不同版本软件显示的类型有所不同）。选择"无"时，"打印到文件"复选框是灰色不可选状态；选择 PDF 等非实体打印机时,"打印到文件"复选框变成可选状态,可以将图形打印到文件并进行保存。

(2)图纸尺寸:可选的图纸尺寸有多种,如图 7-13 所示。

(3)打印区域:打印区域有显示、窗口、范围、图形界限四类,如图 7-14 所示。需要精确出图时,可选"窗口"选项,然后在绘图区框选所需要打印的图样,再进行其他设置。

(4)打印偏移:默认为坐标原点 0,可选"居中打印"。

(5)打印比例:打印比例可选"布满图纸",也可选其他多种比例,当需要精确出图时,要将"布满图纸"取消,根据所选的图纸选择国标比例进行打印。

图 7-12 打印机/绘图仪

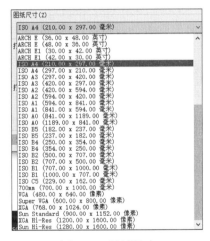

图 7-13 图纸尺寸

图 7-14 打印区域

(6)打印样式表:打印样式表有多种,如图 7-15 所示。当软件安装有插件时,会增加打印样式,如图 2-15 中的 TArch20V8.ctb 即为安装天正建筑 TArch20V8.0 之后增加的打印样式。默认的打印样式是"无",即原图的色彩和线型等随图打印。如果需要将彩色图样打印成单色,即黑白色,可以选择图示的 monochrome.ctb 样式,打印出的图样为黑白色。单击图 7-15 右上角的按钮,打开图 7-16 所示的"打印样式表编辑器"对话框,可以设置打印颜色、笔号、线型、线宽等。如果发现绘图时的线宽正常,而打印出的图样线条很粗,可以将笔号设置为 7 号,也可以修改线宽对应的"使用对象线宽"选项。

【例 7-1】 打印第 5 章习题图 5-45 所示肋式杯型基础图样,图纸大小自定,横版,黑白色。

分析:图 5-45 所示图样为彩色,绘图比例为 1∶10,根据尺寸可以推断该图图纸为 A1,如果打印成 A1,可以选择 1∶10 比例,横版出图即可。如果只能打印出图为 A4 图纸,可以在设置打印比例时预览一下出图效果。

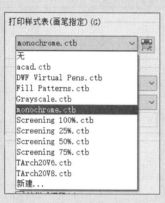

图 7-15 打印样式表

图 7-16 "打印样式表编辑器"对话框

设置过程:打印机/绘图仪选择 DWG To PDF. pc3;图纸尺寸选择 A4(210.00×297.00 毫米);打印区域选择"窗口";打印偏移选中"居中打印";打印比例选择 1∶30;打印样式表选monochrome. ctb;图形方向选择"横向"。设置过程如图 7-17 所示。

设置完成后单击"确定"按钮,填写保存路径,文件即打印为 PDF 文件。

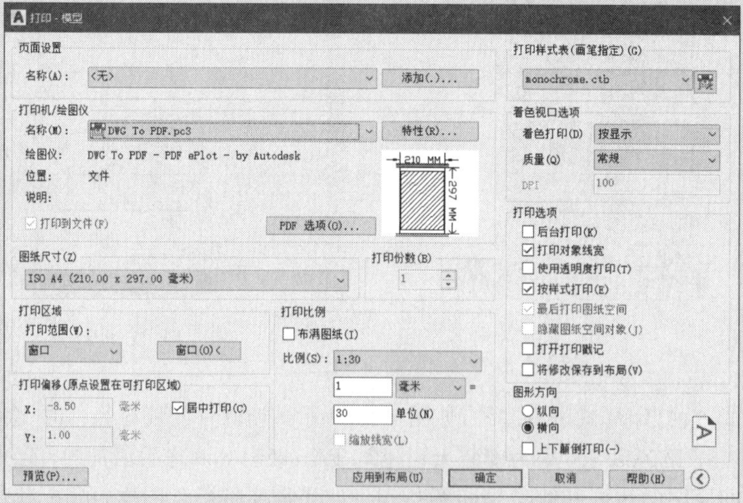

图 7-17 打印设置举例

7.3.2 图纸空间(布局)

布局是用于创建图纸的二维工作环境。布局内的区域称为图纸空间,可以在其中添加标题栏,显示布局视口内模型空间的缩放视图,并为图形创建表格、明细表、说明和标注。

可以通过图 7-9 访问一个或多个布局,按多个比例和不同的图纸大小显示各种模型组件的详细信息。

1. 布局快捷菜单

右击图 7-9 中的"布局 1",弹出快捷菜单,如图 7-18 所示。

(1)新建布局:选择此命令后原 2 个布局变成 3 个布局。也可以单击图 7-9 中的"十"号,或者选择"工具"→"向导"→"创建布局"命令可以得到同样的结果。

(2)从样板:选择此命令后打开图 7-19 所示对话框。此对话框与选择菜单栏中的"文件"→"新建"命令之后打开的对话框类似。在图 7-19 中找到前面章节绘制的 GB-A3 样板文件并应用到布局,如图 7-20 所示。

(3)删除:右击图 7-9 中的"布局 1"或者"布局 2",选择"删除"命令,出现提示对话框如图 7-21 所示,模型空间不能被删除。

图 7-18 布局快捷菜单

图 7-19 从文件选择样板

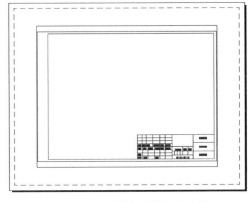

图 7-20 通过样板文件新建布局

图 7-21 删除布局

（4）**重命名**：可以修改新的布局名称为辨识度较高的名称。

（5）**移动或复制**：可以移动或复制选中的布局。

（6）**选择所有布局**：可选择当前环境下所有的布局，同时执行相应的命令。

（7）**激活模型选项卡**：选择此命令后由布局空间跳转到模型空间。

（8）**页面设置管理器**：布局空间主要用于出图打印，可以在页面设置管理器中设置打印样式。页面设置管理器如图 7-22 所示，设置过程可参考 7.3.1 节。启动页面设置管理器的命令是 PAGESETUP。

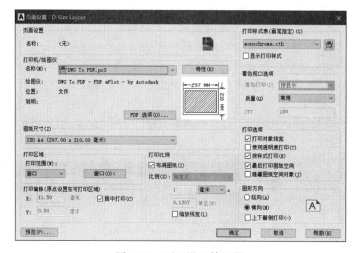

图 7-22　页面设置管理器

（9）**打印**：选择此命令打开的对话框与图 7-17 类似，区别是打印类型为布局。

（10）**绘图标准设置**：AutoCAD 2020 以上版本中有该选项，打开的对话框如图 7-23 所示。可选第一个角度或者第三个角度，当前默认为第三个角度。

（11）**将布局输出到模型**：选择该命令后打开图 7-24 所示对话框，单击"保存"按钮，布局中的图形即可成功输出到指定位置。

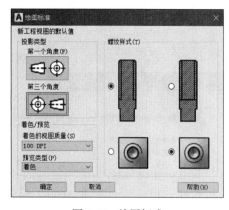

图 7-23　绘图标准

图 7-24　将布局输出到模型

（12）**在状态栏上方固定**：AutoCAD 2020 以上版本中有此功能，将选中的"布局"选项卡与状态栏对齐固定，"模型"和"布局"选项卡将显示在状态栏上方的单独一行中。

也可以用 LAYOUT 命令新建布局、复制现有布局等,可根据命令行提示选择相应的命令执行过程:

命令:LAYOUT

输入布局选项[复制(C)/删除(D)/新建(N)/样板(T)/重命名(R)/另存为(SA)/设置(S)/?]＜设置＞:

2. 布局视口

CAD 视口是布局中显示模型空间视图的对象,在每个布局上,可以创建一个或多个布局视口。每个布局视口类似于一个按某一比例和所指定方向来观察模型视图的摄像头。创建视口可以用不同的命令,一个是模型和布局空间通用的视口创建命令 VPORTS,另一个是 MVIEW 命令,比较常用的是 MVIEW 命令,快捷键为 MV。VPORTS 命令可以在模型空间或布局空间创建一个或多个视口,VPORTS 视口命令对话框如图 7-25 所示。选择 4 个相等视口之后,新的布局如图 7-26 所示,这个新布局是基于图 7-20 的执行结果。

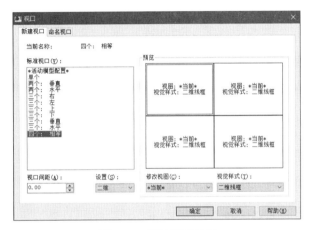

图 7-25 "视口"对话框

四个视口外面的分割线是视口线,打印出图时一般不打印,可以将视口线放在单独的图层下,将该图层设置为不可打印。AutoCAD 2020 以上版本中视口线可以用多边形,目的是避免不需要显示的图形被显示在视口内。视口线可以交叉、重叠。

视口相对于在图纸空间上开了一个窗口,只需要将需要打印的图形放在该窗口内即可,因此不需要打印的图形要远离该窗口。

7.4　发　布

发布(publish)是 AutoCAD 本身就提供的一种可以批量打印的工具,可以将多张图纸和布局批量输出成 DWF 文件或者 PDF 文件,也可以直接批量进行打印。调用发布命令后,会打开"发布"对话框,如图 7-27 所示,在该对话框的"图纸列表"中含有当前所有图的模型和布局。单击图 7-27 中的"发布选项"按钮,打开图 7-28 所示的"发布选项"对话框,当前密码保护默认为"禁用",修改之后发布的文件可以加密。发布完成后可以在软件右下角查看发布的文件名、文件保存位置等信息,如图 7-29 所示。

视频 ●┈┈┈

发布

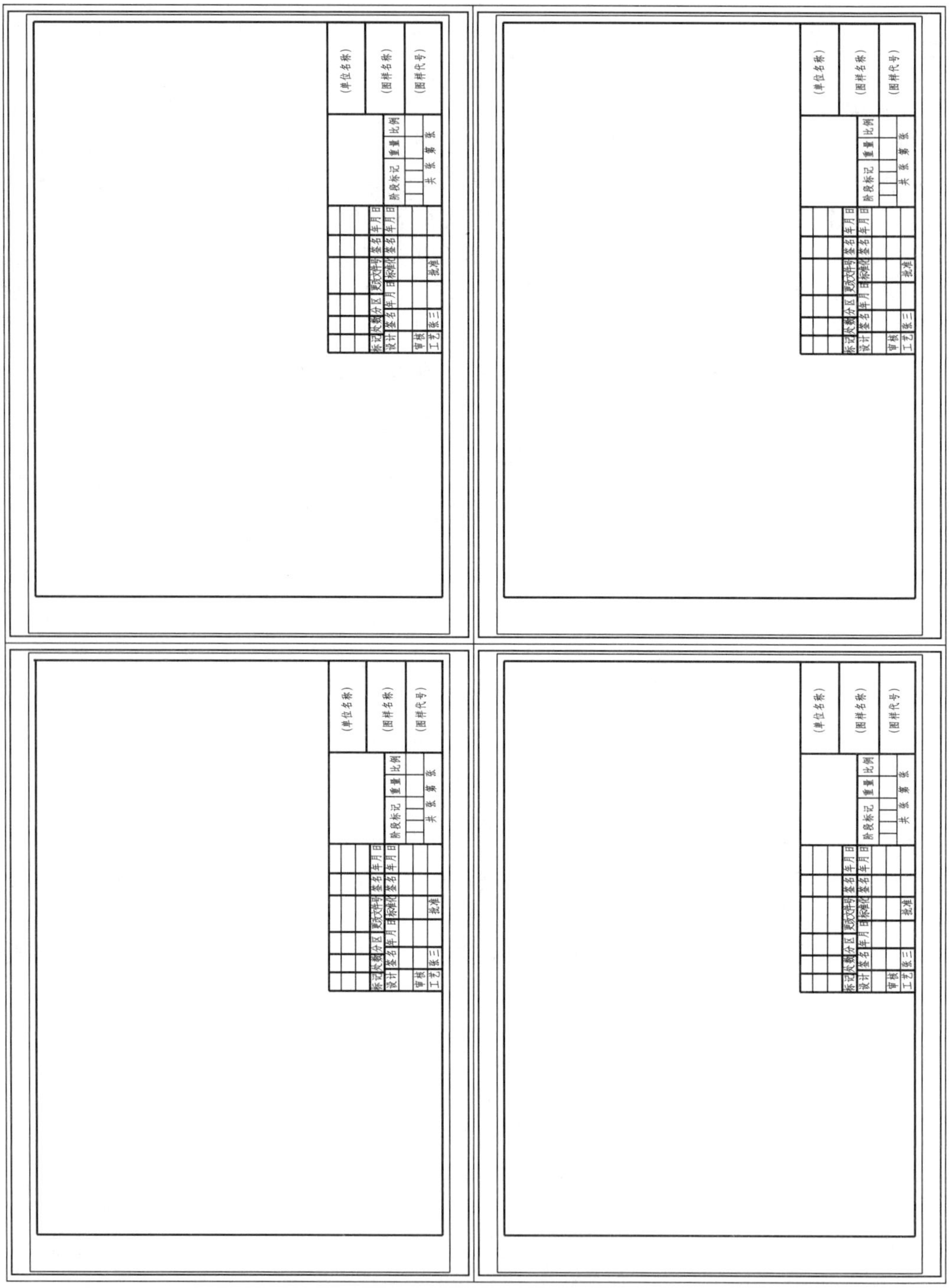

图 7-26 四个视口

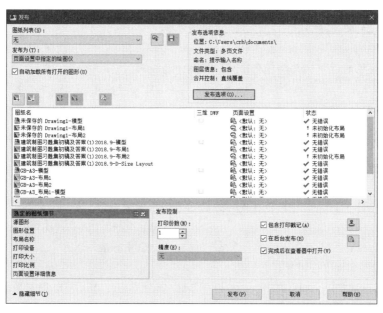

图 7-27　"发布"对话框

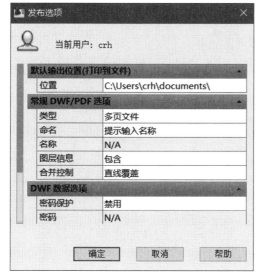

图 7-28　"发布选项"对话框

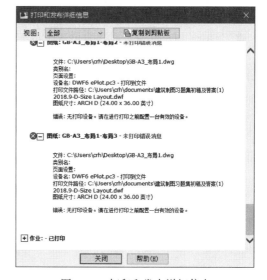

图 7-29　打印和发布详细信息

习　题

一、单选题

1. 在模型空间中有多个视口,可以打印输出(　　)平铺视口。

　　A. 1 个　　　　　　　B. 2 个　　　　　　　C. 3 个　　　　　　　D. 4 个

2. 打印输出的快捷是（　　）。

    A. Ctrl＋A　　　　　B. Ctrl＋P　　　　　C. Ctrl＋M　　　　　D. Ctrl＋Y

3. 对尚未安装的打印机需要进行(　　)操作才能使用。

    A. 页面设置　　　　　B. 打印设置　　　　　C. 编辑打印样式　　　D. 添加打印机向导

4. 可批量打印的功能是(　　)。

    A. 输出　　　　　　　B. 打印　　　　　　　C. 发布　　　　　　　D. 保存

二、多选题

1. 打印时图纸方向设置内容有(　　)。

    A. 纵向　　　　　　　B. 横向　　　　　　　C. 上下颠倒　　　　　D. 逆向

2. 打印出图时下列(　　)打印样式可以将彩色图出成黑白图。

    A. acad. ctb　　　　　　　　　　　　B. DWF Virtual Pens. ctb

    C. Grayscale. ctb　　　　　　　　　　D. monochrome. ctb

3. 打印出图时,打印范围有(　　)。

    A. 显示　　　　　　　B. 范围　　　　　　　C. 窗口　　　　　　　D. 图形界限

4. AutoCAD 可打印输出的文件类型有(　　)。

    A. PDF　　　　　　　B. PNG　　　　　　　C. JPG　　　　　　　D. MP4

三、简答题

1. 打印出的 PDF 文件线条显示很粗,怎么设置能够恢复正常?

2. 打印出 PDF 文件时发现有些线条丢失,如何调整?

3. 在一幅建筑平面图中,如果按照 1∶1 绘图,用 1∶100 比例出图时,需要用 350 mm 的尺寸数字,利用注释性选项怎么操作?

四、上机操作题

从前 6 章的上机操作题中任选三题打印成 PDF 文件。

第8章　三维实体造型基础

AutoCAD软件可以快速高效地建立简单三维模型,具有效率高,尺寸精准,标注方便等特点,所建的模型与其他软件之间有较高的兼容性。

8.1　三维基本知识

8.1.1　三维建模界面

启动 AutoCAD 2021 后,在下方"切换工作空间" ⚙ ▾ 下拉列表中选择"三维建模"进入三维建模界面,如图 8-1 所示,图 8-2 所示为三维实体举例。

图 8-1　三维建模界面

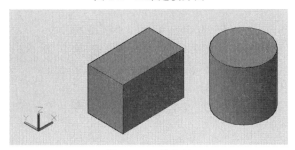

图 8-2　三维实体

8.1.2　坐标系

AutoCAD中二维绘图是以 Z 坐标为 0、在 XOY 坐标面上进行绘制。绘制三维图形时,也总是默认以屏幕"二维"的形式显示,只有在"视图"选项选择相应的视图和视觉样式后,才显示三维形式。

坐标系包括世界坐标系(World Coordinate System,WCS)和用户坐标系(User Coordinate System,UCS)两种类型。系统默认的坐标系是世界坐标系,它的原点及各坐标轴的方向保持不变。在图 8-1 和图 8-2 中,左下角的坐标就是 WCS。合理创建使用 UCS,可以提高三维建模的效率。

1. 创建 UCS

UCS 的创建有多种方式:

(1)命令行:UCS。

(2)菜单栏:选择菜单栏中的"工具"→"新建 UCS"命令出现下一级菜单,如图 8-3 所示。

(3)工具栏:单击   按钮。

(4)功能区:单击状态设置区中的  按钮。

命令:_UCS

图 8-3 新建 UCS 菜单

当前 UCS 名称:＊世界＊

指定 UCS 的原点或［面(F)/命名(NA)/对象(OB)/上一个(P)/视图(V)/世界(W)/X/Y/Z/Z 轴(ZA)］＜世界＞:

各选项说明:

- 面(F):将 UCS 与三维实体是选定面对齐。
- 命名(NA):对新建坐标系命名。
- 对象(OB):根据选定的三维对象定义新的坐标系。
- 上一个(P):用上一个坐标系。
- 世界(W):用世界坐标系。
- X/Y/Z:绕指定轴旋转当前 UCS。
- Z 轴(ZA):利用指定的 Z 轴正半轴定义 UCS。

2. UCS 的使用

【例 8-1】 利用 UCS 建图 8-4 所示模型。

分析:该组合体属于倾斜结构,由两部分组成,下部是带圆角的底板,上部是带孔倾斜 42°放置的 U 形柱体。

绘图过程:

第一步,底板建模,如图 8-5(a)～图 8-5(c)所示。

第二步,U 形柱建模,通过新建 UCS、移动 UCS、旋转 UCS,按住 Shift 键+鼠标滚珠拖动,使 UCS 处于适合位置,如图 8-5(c)～图 8-5(d)所示。绘制 U 形柱的形状特征视图,如图 8-5(e)所示。拉伸出 U 形体,如图 8-5(f)所示。打孔,如图 8-5(g)所示。将线框模式更换为灰度显示查看效果(可参考8.1.3 节),如图 8-5(h)所示。

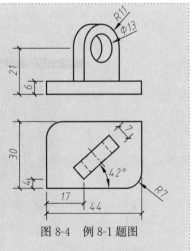

图 8-4 例 8-1 题图

(a)底板绘图

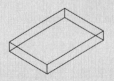

(b)底板拉伸

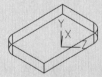

(c)底板倒角并移动UCS

(d)旋转UCS

图 8-5

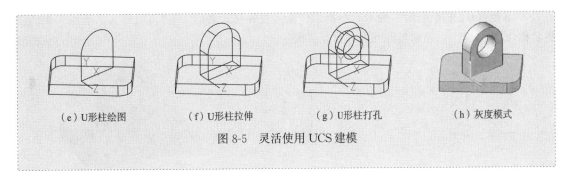

(e) U形柱绘图　　　（f）U形柱拉伸　　　（g）U形柱打孔　　　（h）灰度模式

图 8-5　灵活使用 UCS 建模

8.1.3　模型显示形式

AutoCAD 提供了多种模型显示形式，如二维线框、概念、真实、灰度模式等。

1. 视觉样式设置

视觉样式的创建有多种方式：

（1）命令行：VSCURRENT。

（2）菜单栏：选择菜单栏中的"视图"→"视觉样式"→"视觉样式管理器"命令，打开视觉样式管理器对话框，如图 8-6 所示。

（3）工具栏：单击"视觉样式"工具栏中的"二维线框" 按钮。

（4）功能区：单击"可视化"状态设置区选项板中的"视觉样式"下拉列表中的 。

命令：_VSCURRENT

输入选项［二维线框（2）/线框（W）/隐藏（H）/真实（R）/概念（C）/着色（S）/带边缘着色（E）/灰度（G）/勾画（SK）/X 射线（X）/其他（O）]＜线框＞：

图 8-6　视觉样式管理器

各选项说明：

• 二维线框（2）：用直线和曲线表示对象的边界。光栅和 OLE 对象、线型和线宽都是可见的，即使将 COMPASS 系统变量值设置为 1，也不会出现在二维线框视图中，如图 8-7（a）所示。

• 线框（W）：显示对象时利用直线和曲线表示边界。显示一个已着色的三维 UCS 图标。光栅和 OLE 对象、线型和线宽不可见。可将 COMPASS 系统变量值设置为 1 来查看坐标，如图 8-7（b）所示。

• 隐藏（H）：显示用三维线框表示的对象并隐藏对象后面不可见的直线。

• 真实（R）：着色多边形平面间的对象，并使对象的边平滑化。如果对象已附着材质，将显示已附着到对象的材质。

• 概念（C）：着色多边形平面间的对象，并使对象的边平滑化。着色在冷色和暖色之间的过渡，效果缺乏真实感，但可以更方便地查看模型的细节，如图 8-7（c）所示。

• 着色（S）：产生平滑的着色模型。

• 带边缘着色（E）：产生平滑、带有可见边的着色模型。

• 灰度（G）：使用单色面颜色可以产生灰色效果。

• 勾画（SK）：使用外伸和抖动产生手绘效果。

• X 射线（X）：更改面的不透明度使整个场景变成部分透明。

• 其他(O)：选择该选项，命令行会提示："输入视觉样式名称[?]："可以输入当前图形中的视觉名称，或输入"?"，以显示名称列表并重复该提示。

　　（a）二维线框模型　　　　（b）三维线框模型（UCS彩色显示）　　　　（c）概念模型

图 8-7　模型的不同视觉样式显示效果

小技巧：按住 Shift 键＋鼠标滚轮拖动，可以观看不同角度的三维模型。

8.2　基本三维实体的绘制

AutoCAD 提供的三维模型有实体模型、线框模型和表面模型。

8.2.1　三维实体建模（实体模型）

基本三维
实体的绘制

　　进入 AutoCAD 三维建模界面后，可通过"建模"面板中的各个工具按钮或者"建模"工具栏中的按钮完成各基本立体的三维建模，如图 8-8～图 8-10 所示。

图 8-8　"建模"面板　　图 8-9　建模下拉列表 　　　　　　　图 8-10　"建模"工具栏

1. 创建长方体

(1)命令行：BOX。

(2)菜单栏：选择菜单栏中的"绘图"→"建模"→"长方体"命令。

(3)工具栏：单击"建模"工具栏中的"长方体"按钮▧。

(4)功能区：单击"三维工具"状态设置区"建模"下拉列表中的"长方体"按钮▧。

命令：_BOX

指定第一个角点或［中心(C)］：

指定其他角点或［立方体(C)/长度(L)］：

指定高度或［两点(2P)］：

2. 创建圆柱体

(1)命令行：CYLINDER。

(2)菜单栏：选择菜单栏中的"绘图"→"建模"→"圆柱体"命令。

(3)工具栏：单击"建模"工具栏中的"圆柱体"按钮▥ 。

(4)功能区：单击"三维工具"状态设置区"建模"下拉列表中的"圆柱体"按钮▥ 。

3. 创建圆锥体

(1)命令行：CONE。

(2)菜单栏：选择菜单栏中的"绘图"→"建模"→"圆锥体"命令。

(3)工具栏：单击"建模"工具栏中的"圆锥体"按钮▲ 。

(4)功能区：单击"三维工具"状态设置区"建模"下拉列表中的"圆锥体"按钮▲ 。

命令：CONE

指定底面的中心点或［三点(3P)/两点(2P)/切点、切点、半径(T)/椭圆(E)］：

指定底面半径或［直径(D)］：

指定高度或［两点(2P)/轴端点(A)/顶面半径(T)］<11.5739>：

4. 创建球体

(1)命令行：SPHERE。

(2)菜单栏：选择菜单栏中的"绘图"→"建模"→"球体"命令。

(3)工具栏：单击"建模"工具栏中的"球体"按钮▢ 。

(4)功能区：单击"三维工具"状态设置区"建模"下拉列表中的"球体"按钮▢ 。

命令：_SPHERE

指定中心点或［三点(3P)/两点(2P)/切点、切点、半径(T)］：

指定半径或［直径(D)］<20.3257>：

5. 创建棱锥体

(1)命令行：PYRAMID。

(2)菜单栏：选择菜单栏中的"绘图"→"建模"→"棱锥体"命令。

(3)工具栏：单击"建模"工具栏中的"棱锥体"按钮◈ 。

(4)功能区：单击"三维工具"状态设置区"建模"下拉列表中的"棱锥体"按钮◈ 。

命令：_PYRAMID

4 个侧面 外切

指定底面的中心点或［边(E)/侧面(S)］：

指定底面半径或［内接(I)］<13.7084>：

指定高度或［两点(2P)/轴端点(A)/顶面半径(T)］<39.1399>：

6. 创建楔体

(1)命令行：WDEGE。

(2)菜单栏：选择菜单栏中的"绘图"→"建模"→"楔体"命令。

(3)工具栏：单击"建模"工具栏中的"楔体"按钮◥ 。

(4)功能区：单击"三维工具"状态设置区"建模"下拉列表中的"楔体"按钮◥ 。

命令：_WEDGE

指定第一个角点或 [中心(C)]:

正在恢复执行 WEDGE 命令。

指定第一个角点或 [中心(C)]:

指定其他角点或 [立方体(C)/长度(L)]:

指定高度或 [两点(2P)] <37.3109>:

7. 创建圆环体

(1)命令行:TORUS。

(2)菜单栏:选择菜单栏中的"绘图"→"建模"→"圆环体"。

(3)工具栏:单击"建模"工具栏中的"圆环体"按钮。

(4)功能区:单击"三维工具"状态设置区"建模"下拉列表中的"圆环体"按钮。

命令:_TORUS

指定中心点或 [三点(3P)/两点(2P)/切点、切点、半径(T)]:

指定半径或 [直径(D)] <24.9578>:

指定圆管半径或 [两点(2P)/直径(D)]:

8. 创建多段体

(1)命令行:POLYSOLID。

(2)菜单栏:选择菜单栏中的"绘图"→"建模"→"多段体"命令。

(3)工具栏:单击"建模"工具栏中的"多段体"按钮。

(4)功能区:单击"三维工具"状态设置区"建模"下拉列表中的"多段体"按钮。

命令:POLYSOLID

高度 = 4.0000,宽度 = 0.2500,对正 = 居中

指定起点或 [对象(O)/高度(H)/宽度(W)/对正(J)] <对象>:

指定下一个点或 [圆弧(A)/放弃(U)]:

指定下一个点或 [圆弧(A)/放弃(U)]:A

指定圆弧的端点或 [闭合(C)/方向(D)/直线(L)/第二个点(S)/放弃(U)]:

指定下一个点或 [圆弧(A)/闭合(C)/放弃(U)]:指定圆弧的端点或 [闭合(C)/方向(D)/直线(L)/第二个点(S)/放弃(U)]:

指定下一个点或 [圆弧(A)/闭合(C)/放弃(U)]:指定圆弧的端点或 [闭合(C)/方向(D)/直线(L)/第二个点(S)/放弃(U)]:1

指定下一个点或 [圆弧(A)/闭合(C)/放弃(U)]:

指定下一个点或 [圆弧(A)/闭合(C)/放弃(U)]:

以上 1~8 项绘制完成后,结果如图 8-11 所示。

图 8-11 基本立体的三维建模

8.2.2　基于二维图形生成三维形体(线框模型)

AutoCAD 软件可以通过二维图形生成三维实体。使用建模工具栏中的拉伸、旋转、扫掠、放样等按钮可以将二维绘图命令(如多段线、多边形、矩形、圆、样条曲线、椭圆等)绘制的图形生成三维实体。

1. 拉伸

拉伸是从封闭区域的对象创建三维实体,或者从具有开口的对象创建三维曲面。

(1)命令行:EXTRUDE。

(2)菜单栏:选择菜单栏中的"绘图"→"建模"→"拉伸"命令。

(3)工具栏:单击"曲面创建Ⅱ"工具栏中的"拉伸"按钮 。

(4)功能区:单击"常用"状态设置区"建模"下拉列表中的"拉伸"按钮 。

命令:_EXTRUDE

当前线框密度:ISOLINES = 4,闭合轮廓创建模式 = 实体

选择要拉伸的对象或 [模式(MO)]:_MO 闭合轮廓创建模式 [实体(SO)/曲面(SU)]＜实体＞:_SO

选择要拉伸的对象或 [模式(MO)]:找到 1 个

选择要拉伸的对象或 [模式(MO)]:

指定拉伸的高度或 [方向(D)/路径(P)/倾斜角(T)/表达式(E)]＜56.8396＞:P

选择拉伸路径或 [倾斜角(T)]:

2. 旋转

旋转是指通过绕轴扫掠对象创建三维实体或曲面。

(1)命令行:REVOLVE。

(2)菜单栏:选择菜单栏中的"绘图"→"建模"→"旋转"命令。

(3)工具栏:单击"曲面创建Ⅱ"工具栏中的"旋转"按钮 。

(4)功能区:单击"常用"状态设置区"建模"下拉列表中的"旋转"按钮 。

命令:_REVOLVE

当前线框密度:ISOLINES = 4,闭合轮廓创建模式 = 实体

选择要旋转的对象或 [模式(MO)]:_MO 闭合轮廓创建模式 [实体(SO)/曲面(SU)]＜实体＞:_SO

选择要旋转的对象或 [模式(MO)]:找到 1 个

选择要旋转的对象或 [模式(MO)]:

指定轴起点或根据以下选项之一定义轴 [对象(O)/X/Y/Z]＜对象＞:

指定轴端点:

指定旋转角度或 [起点角度(ST)/反转(R)/表达式(EX)]＜360＞:

3. 扫掠

扫掠是通过沿开放或闭合路径扫掠二维对象或子对象来创建三维实体或三维曲面。

(1)命令行:SWEEP。

(2)菜单栏:选择菜单栏中的"绘图"→"建模"→"扫掠"命令。

(3)工具栏:单击"曲面创建Ⅱ"工具栏中的"扫掠"按钮 。

(4)功能区:单击"常用"状态设置区"建模"下拉列表中的"扫掠"按钮 。

命令:_SWEEP

当前线框密度:ISOLINES = 4,闭合轮廓创建模式 = 实体

选择要扫掠的对象或 [模式(MO)]:_MO 闭合轮廓创建模式 [实体(SO)/曲面(SU)]＜实体＞:_SO

选择要扫掠的对象或［模式(MO)］:找到 1 个

选择要扫掠的对象或［模式(MO)］:

选择扫掠路径或［对齐(A)/基点(B)/比例(S)/扭曲(T)］:

【例 8-2】 画弹簧。

分析:需要先画出螺旋线作为扫掠路径,再画出弹簧断面圆。

第一步,俯视状态下画螺旋线。

命令:HELIX

圈数 = 3.0000   扭曲 = CCW

指定底面的中心点:

指定底面半径或［直径(D)］<10.0000>:

指定顶面半径或［直径(D)］<10.0000>:

指定螺旋高度或［轴端点(A)/圈数(T)/圈高(H)/扭曲(W)］<30.0000>:

第二步,左视状态下画圆。

命令:_CIRCLE

指定圆的圆心或［三点(3P)/两点(2P)/切点、切点、半径(T)］:

指定圆的半径或［直径(D)］<0.7134>:1

命令:'_view 输入选项［? /删除(D)/正交(O)/恢复(R)/保存(S)/设置(E)/窗口(W)］:_ swiso 正在重生成模型。

命令:'_view 输入选项［? /删除(D)/正交(O)/恢复(R)/保存(S)/设置(E)/窗口(W)］:_ left 正在重生成模型

第三步,西南轴测图中将圆的圆心移动到螺旋线的一个端点处。

第四步,西南轴测图中"扫掠",单击第 1 点,右击,再单击第 2 点,

命令:_SWEEP

当前线框密度:ISOLINES = 4,闭合轮廓创建模式 = 实体

选择要扫掠的对象或［模式(MO)］:_MO 闭合轮廓创建模式［实体(SO)/曲面(SU)］<实体>:_SO

选择要扫掠的对象或［模式(MO)］:找到 1 个

选择要扫掠的对象或［模式(MO)］:

选择扫掠路径或［对齐(A)/基点(B)/比例(S)/扭曲(T)］:

绘制过程如图 8-12 所示。

  (a)画螺旋线   (b)扫掠   (c)结果(灰度显示)

图 8-12 画弹簧

4. 放样

放样是指在若干横截面之间的空间创建三维实体或曲面。

（1）命令行：LOFT。

（2）菜单栏：选择菜单栏中的"绘图"→"建模"→"放样"命令。

（3）工具栏：单击"曲面创建Ⅱ"工具栏中的"放样"按钮 。

（4）功能区：单击"常用"状态设置区"建模"下拉列表中的"放样"按钮 。

命令：_LOFT

当前线框密度：ISOLINES＝4，闭合轮廓创建模式＝实体

按放样次序选择横截面或［点(PO)/合并多条边(J)/模式(MO)］：_MO 闭合轮廓创建模式［实体(SO)/曲面(SU)］＜实体＞：_SO

按放样次序选择横截面或［点(PO)/合并多条边(J)/模式(MO)］：找到 1 个

按放样次序选择横截面或［点(PO)/合并多条边(J)/模式(MO)］：找到 1 个，总计 2 个

按放样次序选择横截面或［点(PO)/合并多条边(J)/模式(MO)］：

选中了 2 个横截面

输入选项［导向(G)/路径(P)/仅横截面(C)/设置(S)］＜仅横截面＞：C

8.2.3　绘制三维曲面对象（表面模型）

AutoCAD 中提供的表面模型，由点线面组成，具有边界和面的特征，没有体的特征，可以绘制三维曲面、网格面等。相关下拉列表如图 8-13 所示。

（a）　　　　　　　　　　（b）

图 8-13　三维曲面相关下拉列表

1. 绘制三维曲面

AutoCAD 中提供的曲面有平面、网络、过渡、修补、偏移、圆角等。

（1）平面曲面：通过选择封闭的对象或指定矩形的对角点创建平面曲面。

- 命令行：PLANESUEF。
- 菜单栏：选择菜单栏中的"绘图"→"建模"→"曲面"→"平面"命令。
- 工具栏：单击"曲面创建"工具栏中的"平面"按钮 。
- 功能区：单击"曲面"状态设置区"创建"下拉列表中的"平面"按钮 。

命令：_PLANESURF

指定第一个角点或［对象(O)］＜对象＞：

指定其他角点：

执行结果如图 8-14 所示。

图 8-14　平面曲面

(2)网络曲面:在两个方向的多条曲线之间的空间创建三维曲面。

• 命令行:SURFNETWORK。

• 菜单栏:选择菜单栏中的"绘图"→"建模"→"曲面"→"网络"命令。

• 工具栏:单击"曲面创建"工具栏中的"曲面网络"按钮 。

• 功能区:单击"曲面"状态设置区"创建"下拉列表中的"曲面网络"按钮 。

命令:_SURFNETWORK

沿第一个方向选择曲线或曲面边:找到 1 个

沿第一个方向选择曲线或曲面边:找到 1 个,总计 2 个

沿第一个方向选择曲线或曲面边:

沿第二个方向选择曲线或曲面边:找到 1 个

沿第二个方向选择曲线或曲面边:指定对角点:找到 1 个,总计 2 个

沿第二个方向选择曲线或曲面边:

执行过程和结果如图 8-15 和图 8-16 所示。

注意:网络曲面的边界可以是封闭的,也可以是不封闭的。当边界不封闭时,执行网络命令后 CAD 会拟合出对应的曲面。选择边界时,先选取相对的两条线,再选取另一相对的两条线,如图 8-17 所示。

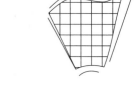

图 8-15　网络曲面(一)　　图 8-16　网络曲面(二)　　图 8-17　网络曲面(非封闭图形)

(3)过渡曲面:在现有的两个曲面之间创建连续的过渡曲面。

• 命令行:SURFNETWORK。

• 菜单栏:选择菜单栏中的"绘图"→"建模"→"曲面"→"网络"命令。

• 工具栏:单击"曲面创建"工具栏中的"曲面过渡"按钮 。

• 功能区:单击"曲面"状态设置区"创建"下拉列表中的"曲面过渡"按钮 。

命令:_SURFBLEND

连续性 = G1 - 相切,凸度幅值 = 0.5

选择要过渡的第一个曲面的边或[链(CH)]:找到 1 个

选择要过渡的第一个曲面的边或[链(CH)]:

选择要过渡的第二个曲面的边或[链(CH)]:找到 1 个

选择要过渡的第二个曲面的边或[链(CH)]:

按 Enter 键接受过渡曲面或[连续性(CON)/凸度幅值(B)]:CON

第一条边的连续性[G0(G0)/G1(G1)/G2(G2)]<G1>:

第二条边的连续性[G0(G0)/G1(G1)/G2(G2)]<G1>:

按 Enter 键接受过渡曲面或[连续性(CON)/凸度幅值(B)]:

执行过程和结果如图 8-18 所示。

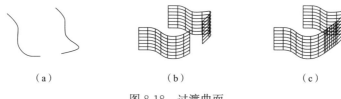

（a）　　　　　　　　　（b）　　　　　　　　　（c）

图 8-18　过渡曲面

(4)曲面修补：创建新的曲面或封口以闭合现有曲面的开放边。

- 命令行：SURFPATCH。
- 菜单栏：选择菜单栏中的"绘图"→"建模"→"曲面"→"修补"命令。
- 工具栏：单击"曲面创建"工具栏中的"曲面修补"按钮 ▨ 。
- 功能区：单击"曲面"状态设置区"创建"下拉列表中的"曲面修补"按钮 ▨ 。

命令：_SURFPATCH

连续性 = G0 - 位置,凸度幅值 = 0.5

选择要修补的曲面边或 [链(CH)/曲线(CU)]＜曲线＞:找到 1 个

选择要修补的曲面边或 [链(CH)/曲线(CU)]＜曲线＞:

按 Enter 键接受修补曲面或 [连续性(CON)/凸度幅值(B)/导向(G)]:CON

修补曲面连续性 [G0(G0)/G1(G1)/G2(G2)]＜G0＞:G1

按 Enter 键接受修补曲面或 [连续性(CON)/凸度幅值(B)/导向(G)]:

命令:指定对角点或 [栏选(F)/圈围(WP)/圈交(CP)]:

绘制过程和结果如图 8-19 所示。

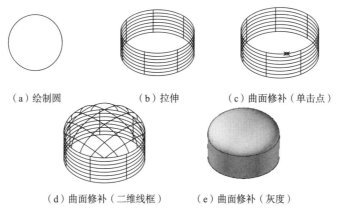

（a）绘制圆　　　　　　　（b）拉伸　　　　　　（c）曲面修补（单击点）

（d）曲面修补（二维线框）　　　　（e）曲面修补（灰度）

图 8-19　曲面修补操作过程

(5)曲面偏移：创建域原始曲面相距指定距离的平行曲面。

- 命令行：SURFOFFSET。
- 菜单栏：选择菜单栏中的"绘图/建模/曲面/偏移"。
- 工具栏：单击"曲面创建"工具栏中的"曲面偏移"按钮 ▨ 。
- 功能区：单击"曲面"选项卡"创建"面板中的"曲面偏移"按钮 ▨ 。

命令:_SURFOFFSET。

连接相邻边 = 否

选择要偏移的曲面或面域：找到 1 个

选择要偏移的曲面或面域：

指定偏移距离或 ［翻转方向(F)/两侧(B)/实体(S)/连接(C)/表达式(E)］＜0.6160＞：指定第
二点：

1 个对象将偏移。

1 个偏移操作成功完成。

绘制过程和结果如图 8-20 所示。

  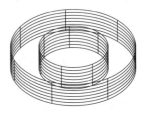

（a）绘制拉伸的曲面　　　　（b）曲面偏移（单击曲面上一点）　　　（c）曲面偏移（确定距离后）

图 8-20　曲面偏移操作过程

（6）曲面圆角：现有曲面之间的空间中创建新的圆角曲面。

• 命令行：SURFFILLET。

• 菜单栏：选择菜单栏中的"绘图"→"建模"→"曲面"→"圆角"命令。

• 工具栏：单击"曲面创建"工具栏中的"曲面圆角"按钮 。

• 功能区：单击"曲面"状态设置区"创建"下拉列表中的"曲面圆角"按钮 。

命令：SURFFILLET

半径 = 5.0000，修剪曲面 = 是

选择要圆角化的第一个曲面或面域或者 ［半径(R)/修剪曲面(T)］：

选择要圆角化的第二个曲面或面域或者 ［半径(R)/修剪曲面(T)］：

按 Enter 键接受圆角曲面或 ［半径(R)/修剪曲面(T)］：

绘制过程和结果如图 8-21 所示。

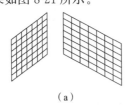 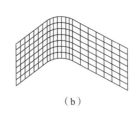

（a）　　　　　　　　　　　（b）

图 8-21　曲面圆角

2. 绘制网格面

AutoCAD 中提供的网格面有图元、平滑网格、三维面、旋转网格、平移网格、直纹网格、边界网格等。图元中有长方体、楔体、圆锥体、球体、圆柱体、圆环体、棱锥体等。

常用的绘制网格命令有：

（1）网格长方体：用于创建长方体或正方体的表面。要求指定一个角点、另一个角点（或者指定长宽高），再指定高度。

• 命令行：BOX。

• 菜单栏:选择菜单栏中的"绘图"→"建模"→"网格"→"图元"→"长方体"命令。

• 工具栏:单击"平滑网格图元"工具栏中的"网格长方体"按钮 ![]。

• 功能区:单击"网格"状态设置区"图元"下拉列表中的"网格长方体"按钮 ![]。

命令:_MESH

当前平滑度设置为:0

输入选项 [长方体(B)/圆锥体(C)/圆柱体(CY)/棱锥体(P)/球体(S)/楔体(W)/圆环体(T)/设置(SE)] <圆环体>:_BOX

指定第一个角点或 [中心(C)]:

指定其他角点或 [立方体(C)/长度(L)]:

指定高度或 [两点(2P)] <0.0001>:

绘制结果如图 8-22 所示。

(2)网格圆锥体:用于绘制圆锥体或圆台。

• 命令行:CONE

• 菜单栏:选择菜单栏中的"绘图"→"建模"→"网格"→"图元"→"网格圆锥体"命令。

图 8-22　网格长方体

• 工具栏:单击"平滑网格图元"工具栏中的"网格圆锥体"按钮 ![]。

• 功能区:单击"网格"状态设置区"图元"下拉列表中的"网格长方体"按钮 ![]。

命令:_MESH

当前平滑度设置为:0

输入选项 [长方体(B)/圆锥体(C)/圆柱体(CY)/棱锥体(P)/球体(S)/楔体(W)/圆环体(T)/设置(SE)] <长方体>:_CONE

指定底面的中心点或 [三点(3P)/两点(2P)/切点、切点、半径(T)/椭圆(E)]:

指定底面半径或 [直径(D)] <1.4869>:

指定高度或 [两点(2P)/轴端点(A)/顶面半径(T)] <3.3954>:

绘制结果如图 8-23 所示。

注意:根据命令提示行可以绘制圆台,设置平滑度以改变显示效果。

(3)网格圆柱体:用于绘制圆柱体表面。

• 命令行:CYLINDER。

• 菜单栏:选择菜单栏中的"绘图"→"建模"→"网格"→"图元"→"网格圆柱体"命令。

图 8-23　网格圆锥体

• 工具栏:单击"平滑网格图元"工具栏中的"网格圆柱体"按钮 ![]。

• 功能区:单击"网格"状态设置区"图元"下拉列表中的"网格圆柱体"按钮 ![]。

命令:_MESH

当前平滑度设置为:0

输入选项 [长方体(B)/圆锥体(C)/圆柱体(CY)/棱锥体(P)/球体(S)/楔体(W)/圆环体(T)/设置(SE)] <圆锥体>:_CYLINDER

指定底面的中心点或 [三点(3P)/两点(2P)/切点、切点、半径(T)/椭圆(E)]：

指定底面半径或 [直径(D)] <1.7060>：

指定高度或 [两点(2P)/轴端点(A)] <1.3119>：

绘制结果如图 8-24 所示。

(4)网格棱锥体：用于绘制棱锥或棱台表面。

• 命令行：PYRAMID。

• 菜单栏：选择菜单栏中的"绘图"→"建模"→"网格"→"图元"→"网格棱锥体"命令。

• 工具栏：单击"平滑网格图元"工具栏中的"网格棱锥体"按钮 。

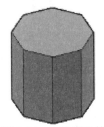

图 8-24　网格圆柱体

• 功能区：单击"网格"状态设置区"图元"下拉列表中的"网格棱锥体"按钮 。

命令：_MESH

当前平滑度设置为：0

输入选项 [长方体(B)/圆锥体(C)/圆柱体(CY)/棱锥体(P)/球体(S)/楔体(W)/圆环体(T)/设置(SE)] <圆柱体>：_PYRAMID

4 个侧面　外切

指定底面的中心点或 [边(E)/侧面(S)]：

指定底面半径或 [内接(I)] <1.9027>：

指定高度或 [两点(2P)/轴端点(A)/顶面半径(T)] <3.6269>：t

指定顶面半径 <0.0000>：

指定高度或 [两点(2P)/轴端点(A)] <3.6269>：

绘制结果如图 8-25 所示。

(5)网格球体：用于绘制圆球表面。

• 命令行：SPHERE。

• 菜单栏：选择菜单栏中的"绘图"→"建模"→"网格"→"图元"→"网格球体"命令。

• 工具栏：单击"平滑网格图元"工具栏中的"网格球体"按钮 。

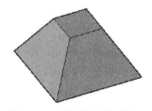

图 8-25　网格棱锥体(棱台)

• 功能区：单击"网格"状态设置区"图元"下拉列表中的"网格球体"按钮 。

命令：_MESH

当前平滑度设置为：0

输入选项 [长方体(B)/圆锥体(C)/圆柱体(CY)/棱锥体(P)/球体(S)/楔体(W)/圆环体(T)/设置(SE)] <棱锥体>：_SPHERE

指定中心点或 [三点(3P)/两点(2P)/切点、切点、半径(T)]：

指定半径或 [直径(D)] <1.9027>：

绘制结果如图 8-26 所示。

图 8-26　网格球体

(6)网格楔体：用于绘制楔形表面(实质是长方体的一半)。

- 命令行:WEDGE。
- 菜单栏:选择菜单栏中的"绘图"→"建模"→"网格"→"图元"→"网格楔体"命令。
- 工具栏:单击"平滑网格图元"工具栏中的"网格楔体"按钮▨。
- 功能区:单击"网格"状态设置区"图元"下拉列表中的"网格楔体"按钮▨。

命令:MESH

当前平滑度设置为:0

输入选项[长方体(B)/圆锥体(C)/圆柱体(CY)/棱锥体(P)/球体(S)/楔体(W)/圆环体(T)/设置(SE)]＜楔体＞:W

　指定第一个角点或[中心(C)]:

　指定其他角点或[立方体(C)/长度(L)]:

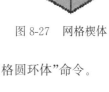

　指定高度或[两点(2P)]＜1.4941＞:

　绘制结果如图 8-27 所示。

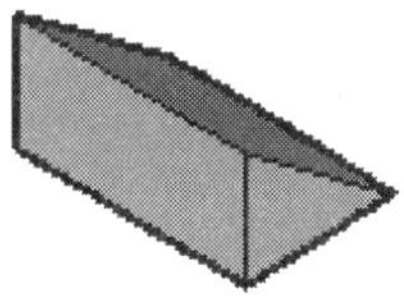

(7)网格圆环体:用于绘环形表面。

图 8-27　网格楔体

- 命令行:TORUS。
- 菜单栏:选择菜单栏中的"绘图"→"建模"→"网格"→"图元"→"网格圆环体"命令。
- 工具栏:单击"平滑网格图元"工具栏中的"网格圆环体"按钮◉。
- 功能区:单击"网格"状态设置区"图元"下拉列表中的"网格圆环体"按钮◉。

命令:_MESH

当前平滑度设置为:0

输入选项[长方体(B)/圆锥体(C)/圆柱体(CY)/棱锥体(P)/球体(S)/楔体(W)/圆环体(T)/设置(SE)]＜楔体＞:_TORUS

　指定中心点或[三点(3P)/两点(2P)/切点、切点、半径(T)]:

　指定半径或[直径(D)]＜1.9027＞:

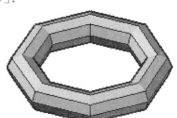

　指定圆管半径或[两点(2P)/直径(D)]:

　绘制结果如图 8-28 所示。

(8)旋转网格:可用于将一条轨迹线绕指定的轴线旋转生成曲面图形。在执行旋转网格命令前需要先完成轨迹线及轴线的绘制。

图 8-28　网格圆环体

- 命令行:RESURF。
- 菜单栏:选择菜单栏中的"绘图"→"建模"→"网格"→"旋转网格"命令。
- 功能区:单击"网格"状态设置区"图元"下拉列表中的"旋转网格"按钮◉。

命令:_REVSURF

当前线框密度:SURFTAB1 = 6　SURFTAB2 = 6

　选择要旋转的对象:

　选择定义旋转轴的对象:

　指定起点角度＜0＞:

　指定夹角(+ = 逆时针, - = 顺时针)＜360＞:

(9)平移网格:由轮廓曲线沿着一条指定方向矢量拉伸而形成的曲面模型,轮廓曲线可以是直线、圆、样条曲线、多段线等。

• 命令行:TABSIRF。

• 菜单栏:选择菜单栏中的"绘图"→"建模"→"网格"→"平移网格"命令。

• 功能区:单击"网格"状态设置区"图元"下拉列表中的"平移网格"按钮 ⬛ 。

命令:_TABSURF

当前线框密度:SURFTAB1 = 6

选择用作轮廓曲线的对象:

选择用作方向矢量的对象:

注意: 方向矢量选择位置不同,得到的平移曲面也不一样。图 8-29 所示为平移效果。

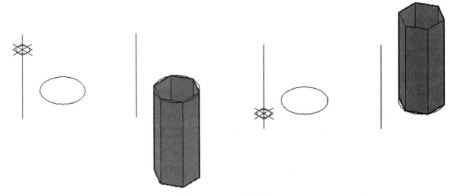

图 8-29 平移网格

(10)直纹网格:由若干条直线连接两条直线或曲线构成的曲面。作为定义网格的边可以是直线、点、圆、圆弧、样条曲线、多段线等。如果有一条边是闭合的,那么另一条边也必须是闭合的。

• 命令行:RULESURF。

• 菜单栏:选择菜单栏中的"绘图"→"建模"→"网格"→"直纹网格"命令。

• 功能区:单击"网格"状态设置区"图元"下拉列表中的"直纹网格"按钮 ◣ 。

命令:_TULESURF

当前线框密度:SURFTAB1 = 6

选择第一条定义曲线:

选择第二条定义曲线:

绘制过程如图 8-30 所示。

图 8-30 直纹网格绘制过程

(11)边界网格:在指定的四条首尾相接的曲线边界之间形成的网格曲面。作为定义网格的边可以是直线、圆、圆弧、样条曲线、多段线等,这些边必须在端点处相交以形成闭合的路径。

- 命令行：EDGESURF。
- 菜单栏：选择菜单栏中的"绘图"→"建模"→"网格"→"边界网格"命令。
- 功能区：单击"网格"状态设置区"图元"下拉列表中的"边界网格"按钮 。

命令：EDGESURF

当前线框密度：SURFTAB1 = 6　　SURFTAB2 = 6

选择用作曲面边界的对象 1：

选择用作曲面边界的对象 2：

选择用作曲面边界的对象 3：

选择用作曲面边界的对象 4：

绘制过程如图 8-31 所示。

注意：实体模型和表面模型在 AutoCAD 中可以转换，如图 8-32 所示。

图 8-31　边界网格

图 8-32　实体模型和表面模型转换菜单

8.3　三维实体的编辑和操作

8.3.1　三维实体编辑

三维实体的编辑可以通过单击三维实体编辑工具栏进行操作，如图 8-33 所示。

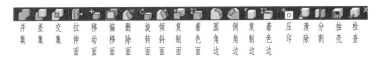

图 8-33　三维实体编辑工具栏

常用的有并集、差集、交集等。

1. 并集

命令:_UNION

选择对象:指定对角点:找到 2 个

选择对象:

编辑过程如图 8-34 所示。

 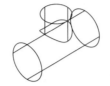 

（a）两圆柱 　　　（b）两圆柱并集（二维线框显示）　（c）两圆柱交集（灰度显示）

图 8-34　交集

2. 差集

命令:_SUBTRACT 选择要从中减去的实体、曲面和面域...

选择对象:指定对角点:找到 0 个

选择对象:找到 1 个

选择对象:选择要减去的实体、曲面和面域...

选择对象:找到 1 个

选择对象:

编辑过程如图 8-35 所示。

（a）两圆柱 　　　（b）两圆柱差集（二维线框显示）　　（c）两圆柱差集（灰度显示）

图 8-35　差集

3. 交集

命令:_INTERSECT

选择对象:找到 1 个

选择对象:找到 1 个,总计 2 个

选择对象:

编辑过程如图 8-36 所示。

（a）两圆柱 　　（b）两圆柱交集（二维线框显示）（c）两圆柱交集（灰度显示）

图 8-36　交集

两等径圆柱正交时的并集、差集、交集如图 8-37 所示。

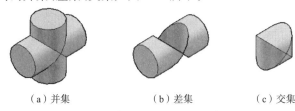

（a）并集　　　　　　（b）差集　　　　　（c）交集

图 8-37　等直径圆柱的并集、差集、交集

8.3.2　三维操作

除三维实体编辑外，AutoCAD 还提供了三维操作，选择菜单栏中的"修改"→"三维操作"命令，如图 8-38 所示。

三维操作菜单中常用选项说明：

1. 三维移动

将三维对象在指定方向移动到制定距离。

命令：_3dmove

选择对象：找到 1 个

选择对象：

指定基点或［位移（D）］＜位移＞：

指定第二个点或＜使用第一个点作为位移＞：

操作过程如图 8-39 所示。

图 8-38　三维操作菜单

2. 三维旋转

将三维对象绕指定轴旋转指定角度。

命令：_3drotate

UCS 当前的正角方向：ANGDIR ＝逆时针　ANGBASE ＝ 0

选择对象：找到 1 个

选择对象：

指定基点：

指定旋转角度，或［复制（C）/参照（R）］＜0＞：

操作过程如图 8-40 所示。

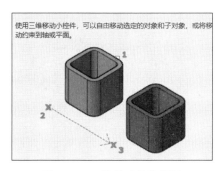

图 8-39　三维移动操作提示

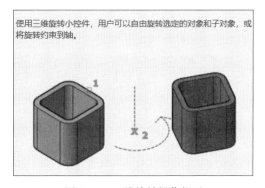

图 8-40　三维旋转操作提示

3. 三维对齐

在三维空间中将对象与其他对象对齐。

命令：_3dalign

选择对象：找到 1 个

选择对象：

指定源平面和方向 ...

指定基点或［复制(C)］：

指定第二个点或［继续(C)］＜C＞：

指定第三个点或［继续(C)］＜C＞：

指定目标平面和方向 ...

指定第一个目标点：

指定第二个目标点或［退出(X)］＜X＞：

指定第三个目标点或［退出(X)］＜X＞：

操作过程如图 8-41 所示。

4. 三维镜像

操作过程如图 8-42 所示。

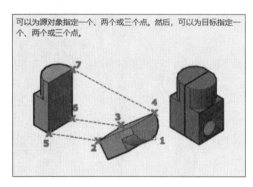

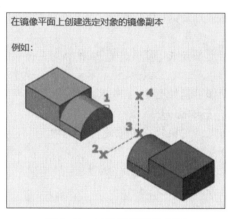

图 8-41　三维对齐操作提示 　　　　图 8-42　三维镜像操作提示

5. 三维阵列

在三维空间将对象进行矩形阵列、路径阵列或环形阵列，如图 8-43 所示。

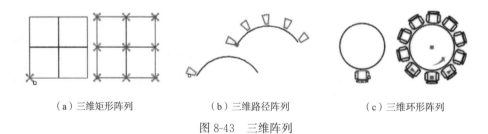

（a）三维矩形阵列　　　　（b）三维路径阵列　　　　（c）三维环形阵列

图 8-43　三维阵列

【例 8-3】 完成渡槽的三维建模。其中渡槽壁厚 1350mm；横梁断面尺寸 750mm×750mm；支撑板为梯形柱体，每侧 5 各，共 10 个；圆弧半径 14700mm，如图 8-44 所示。

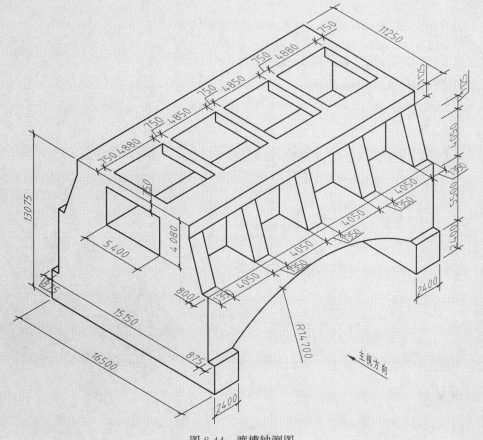

图 8-44 渡槽轴测图

分析：渡槽可看成一个组合体。用形体分析法分析可知，渡槽的基本体是一个由 20 条边拉伸而成的棱柱（见图 8-44）；下方挖去弧形柱体，上方叠加 5 个横梁和 10 个梯形四棱柱。

绘图过程：

第一步，创建多边形柱体。

(1)绘制二维轮廓：打开 AutoCAD 新建文件，将界面切换到图 8-1 所示的三维建模界面，视图选择"左视"，绘制视觉效果为二维线框的二维图形。图形左右对称，尺寸如图 8-45 所示。

(2)创建面域，拉伸。在常用选项卡的"绘图"工具栏中单击"面域"按钮 ![icon]，将图 8-45 所示的多边形转化成平面。

命令：_region

选择对象：指定对角点：找到 20 个

选择对象：

已提取 1 个环

已创建 1 个面域

（3）拉伸：切换到"西南等轴测图"，在常用选项卡的"建模"工具栏中单击"拉伸"按钮 ⬛️，输入长度，得到图 8-46 所示多边形柱体。

命令：_EXTRUDE

当前线框密度：ISOLINES = 4，闭合轮廓创建模式 = 实体

选择要拉伸的对象或［模式(MO)］：_ MO 闭合轮廓创建模式［实体(SO)/曲面(SU)］＜实体＞：_ SO

选择要拉伸的对象或［模式(MO)］：找到 1 个

选择要拉伸的对象或［模式(MO)］：

指定拉伸的高度或［方向(D)/路径(P)/倾斜角(T)/表达式(E)］：22950

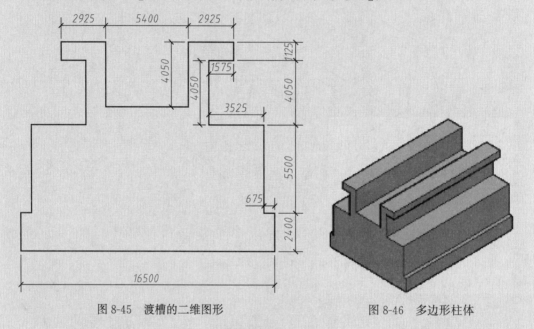

图 8-45　渡槽的二维图形　　　　　　　　图 8-46　多边形柱体

第二步，挖切下部弧形结构。

（1）绘制二维轮廓：视图选择"主视"，绘制视觉效果为二维线框的二维图形。尺寸如图 8-47 所示。

（2）拉伸：切换到"西南等轴测图"，在常用选项卡的"建模"工具栏中单击"拉伸"按钮 ⬛️，输入长度（不小于 16500 即可），得到图 8-48 所示弧形柱体。

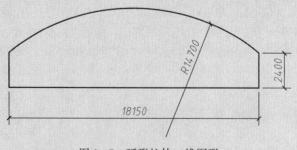

图 8-47　弧形柱体二维图形

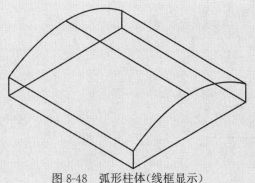

图 8-48　弧形柱体(线框显示)

(3)挖切:

• 移动:将弧形柱体移动到合适位置,移动时以中点为基点,移动到多边形柱体的合适位置,捕捉中点,如图 8-49(a)所示。

• 差集运算:"西南等轴测图",在常用选项卡的"实体编辑"工具栏中单击"差集"按钮⬛,右击多边形柱体,再单击弧形柱体,结果如图 8-49(b)所示。

命令:_SUBTRACT 选择要从中减去的实体、曲面和面域…

选择对象:找到 1 个

选择对象:

选择要减去的实体、曲面和面域…

选择对象:找到 1 个

选择对象:

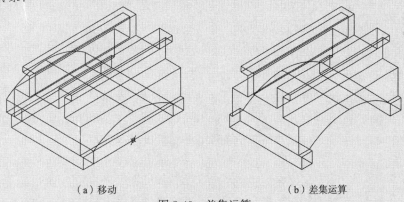

(a)移动　　　　　　　　　　　(b)差集运算

图 8-49　差集运算

第三步,加支撑板。

(1)绘制二维轮廓:视图选择"左视",绘制视觉效果为二维线框的二维图形,尺寸见图 8-50(a)。

(2)拉伸:切换到"西南等轴测图",在常用选项卡的"建模"工具栏中单击"拉伸"按钮⬛,输入长度 1350,得到图 8-50(b)所示梯形柱体。

(3)叠加

• 移动梯形柱体:将梯形柱体移动到合适位置,移动时以梯形柱体左下角点为基点,如图 8-51(a)所示,移动的位置如图 8-51(b)所示。

- 复制梯形柱体:复制梯形柱体,如图 8-51(c)所示。(也可以用阵列命令完成)

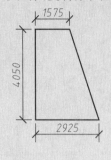

（a）尺寸

（b）结果

图 8-50　梯形柱体(线框显示)

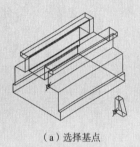

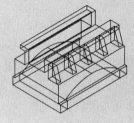

（a）选择基点　　　　　　　　（b）移动梯形柱体　　　　　　（c）复制梯形柱体

图 8-51　叠加梯形柱体

命令:COPY
选择对象:找到 1 个
选择对象:
当前设置:复制模式 = 多个
指定基点或 [位移(D)/模式(O)] <位移>:
指定第二个点或 [阵列(A)] <使用第一个点作为位移>:5400
指定第二个点或 [阵列(A)/退出(E)/放弃(U)] <退出>:10800
指定第二个点或 [阵列(A)/退出(E)/放弃(U)] <退出>:16200
指定第二个点或 [阵列(A)/退出(E)/放弃(U)] <退出>:u
指定第二个点或 [阵列(A)/退出(E)/放弃(U)] <退出>:16200
指定第二个点或 [阵列(A)/退出(E)/放弃(U)] <退出>:21600
指定第二个点或 [阵列(A)/退出(E)/放弃(U)] <退出>:

- 镜像梯形柱体:复制梯形柱体,如图 8-52 所示。
命令:_mirror3d
选择对象:找到 1 个
选择对象:找到 1 个,总计 2 个
选择对象:找到 1 个,总计 3 个
选择对象:找到 1 个,总计 4 个
选择对象:找到 1 个,总计 5 个

选择对象：

指定镜像平面(三点)的第一个点或

［对象(O)/最近的(L)/Z 轴(Z)/视图(V)/XY 平面(XY)/YZ 平面(YZ)/ZX 平面(ZX)/三点(3)］＜三点＞:ZX

指定 ZX 平面上的点 ＜0,0,0＞:

是否删除源对象？［是(Y)/否(N)］＜否＞:N

• 并集运算："西南等轴测图"，在常用工具栏的"实体编辑"面板中单击"并集"按钮，全部选中，结果如图 8-53 所示。

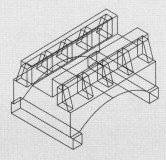
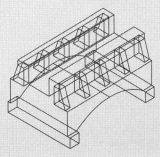

图 8-52　镜像梯形柱体　　　　图 8-53　并集为一个整体

命令:_UNION

选择对象:指定对角点:找到 11 个

选择对象：

第四步,加横梁。

(1)绘制二维轮廓:视图选择"主视",绘制视觉效果为二维线框的二维图形,尺寸如图 8-54 所示。

(2)拉伸:切换到"西南等轴测图",在"常用"工具栏的"建模"面板中单击"拉伸"按钮，输入长度 5400,得到图 8-55 所示横梁三维模型。

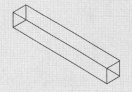

图 8-54　横梁二维图形　　　图 8-55　横梁三维模型(线框显示)

(3)叠加

• 移动梯形柱体:如图 8-56(a)所示,以横梁左上角点为基点,将横梁移动到多边形柱体的端点处,结果如图 8-56(b)所示。可切换到真实模式查看效果,如图 8-56(c)所示。

命令:_MOVE

选择对象:找到 1 个
选择对象:

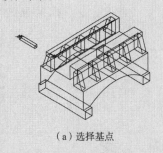 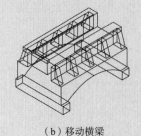 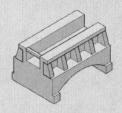

（a）选择基点　　　　　　（b）移动横梁　　　　　　（c）真实模式

图 8-56　添加横梁

指定基点或 [位移(D)] <位移>:
指定第二个点或 <使用第一个点作为位移>:
• 复制横梁:结果如图 8-57 所示。（思考:用阵列命令完成,该如何操作?）

命令:_copy
选择对象:找到 1 个
选择对象:
当前设置:复制模式 = 多个
指定基点或 [位移(D)/模式(O)] <位移>:
指定第二个点或 [阵列(A)] <使用第一个点作为位移>:<对象捕捉 关> 5700
指定第二个点或 [阵列(A)/退出(E)/放弃(U)] <退出>:11100
指定第二个点或 [阵列(A)/退出(E)/放弃(U)] <退出>:16500
指定第二个点或 [阵列(A)/退出(E)/放弃(U)] <退出>:22200
指定第二个点或 [阵列(A)/退出(E)/放弃(U)] <退出>:
• 并集运算:"西南等轴测图"状态下,在"常用"工具栏的"实体编辑"面板中单击"并集"按
钮 ,全部选中,得到图 8-58 所示图形。

命令:_union
选择对象:指定对角点:找到 6 个
选择对象:

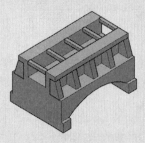 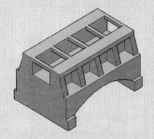

图 8-57　复制横梁　　　　　　图 8-58　并集运算

8.4　三维实体的渲染

视频 ●‑‑‑‑

三维实体的
渲染

AutoCAD 软件提供三维模型渲染功能。渲染是对三维对象进行贴图、赋予材质、设置光源、场景等操作,使三维模型对象看上去更加完美、更加真实。

8.4.1　材质

1. 材质浏览器

材质浏览器可用于查看 AutoCAD 提供的材质并管理材质。

(1)菜单栏:选择菜单栏中的"视图"→"渲染"→"材质浏览器"命令,如图 8-59(a)所示。

(2)命令行:MATBROWSEROPEN。

(3)功能区:单击"可视化"状态设置区"材质"下拉列表中的"材质浏览器"按钮  如图 8-59(b)所示。

　　(a)选择渲染命令　　　　　　　(b)材质浏览对话框

图 8-59　打开材质浏览器

在图 8-59(b)所示材质浏览器对话框中可以进行如下操作,如图 8-60 所示。

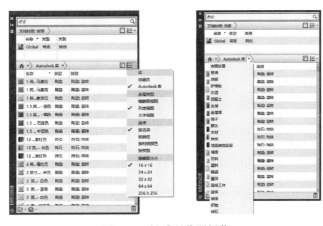

图 8-60　材质浏览器操作

2. 材质编辑器

材质编辑器可以编辑选定的材质。

(1)菜单栏:选择菜单栏中的"视图"→"渲染"→"材质编辑器"命令。

(2)命令行:MATEDITOROPEN。

(3)功能区:单击"可视化"状态设置区"材质"下拉列表中的 按钮。

材质编辑器的外观和信息对话框如图 8-61 所示。

（a）"外观"选项卡 　　（b）"信息"选项卡

图 8-61　材质编辑器

三维模型创建好之后,将"材质浏览器"中选定的材质拖动到三维模型上,为其附着材质,再用"材质编辑器"进行编辑。

8.4.2　光源

AutoCAD 软件提供新建点光源、新建聚光灯、新建平行光等功能。使用光源增强场景的清晰度和三维性,从而提供更加真实的外观效果。图 8-62 所示为光源菜单的执行路径。

场景中没有光源时,将使用默认光源对场景进行着色或渲染。

来回移动模型时,默认光源来自视点后边的两个平行光源,模型中所有的面均被照亮,以使模型可见。

1. 新建点光源

(1)菜单栏:选择菜单栏中的"视图"→"渲染"→"光源"→"新建点光源"命令。

(2)命令行:POINTLIGHT。

(3)功能区:单击"可视化"状态设置区"光源"下拉列表中的 按钮。

图 8-62　光源菜单

2. 新建聚光灯

(1)菜单栏:选择菜单栏中的"视图"→"渲染"→"光源"→"新建聚光灯"命令。

(2)命令行:SPOTLIGHT。

(3)功能区:单击"可视化"状态设置区"光源"下拉列表中的 按钮。

3. 新建平行光

(1)菜单栏:选择菜单栏中的"视图"→"渲染"→"光源"→"新建平行光"命令。

(2)命令行:DISTANTLIGHT。

(3)功能区:单击"可视化"状态设置区"光源"下拉列表中的 按钮。

4. 新建光域网灯光

(1)菜单栏:选择菜单栏中的"视图"→"渲染"→"光源"→"新建光域网灯光"命令。

(2)命令行:WEBLIGHT。

(3)功能区:单击"可视化"状态设置区"光源"下拉列表中的 按钮。

8.4.3　贴图

AutoCAD 软件提供的贴图功能是为实体附着带纹理的材质,可调整实体或面上纹理贴图的方向,可以优化材质使之更适合于对象。图 8-63 所示为贴图菜单的执行路径。

图 8-63　贴图菜单

(1)平面贴图:将图像映射到对象上,就像将其从幻灯片投影器投影到二维曲面上一样。图像不会失真,但会被缩放以适应对象。平面贴图常用于面。

(2)长方形贴图:将图像映射到类似长方体的实体上。该图像将在对象的每个面上重复使用。

(3)柱面贴图:将图像映射到圆柱形对象上,水平边将一起弯曲,但顶边和底边不会弯曲。图像的高度将沿圆柱体的轴进行缩放。

(4)球面贴图:在水平和垂直两个方向同时使图像弯曲。纹理贴图的顶边在球体的"北极"压缩为一个点。同样,底边是"南极"压缩为一个点。

习　题

上机操作题

1. 根据图 8-64~图 8-79 所示的二维图形分别建模。

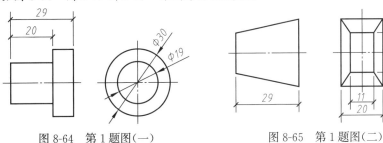

图 8-64　第 1 题图(一)　　　　　图 8-65　第 1 题图(二)

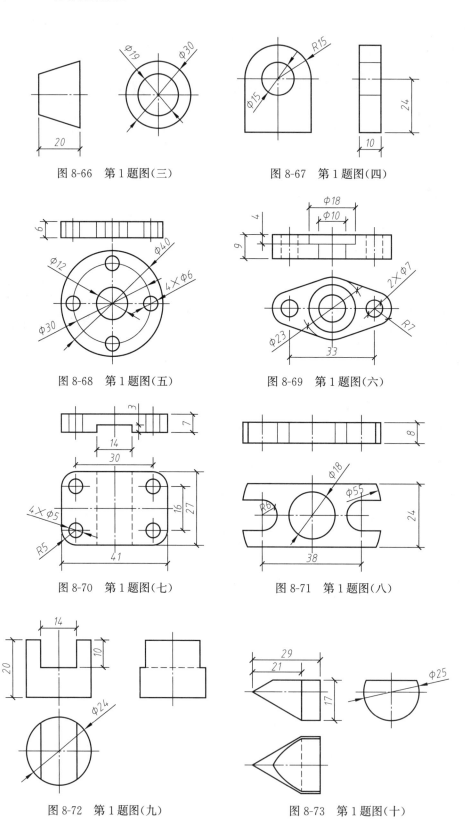

图 8-66　第 1 题图（三）

图 8-67　第 1 题图（四）

图 8-68　第 1 题图（五）

图 8-69　第 1 题图（六）

图 8-70　第 1 题图（七）

图 8-71　第 1 题图（八）

图 8-72　第 1 题图（九）

图 8-73　第 1 题图（十）

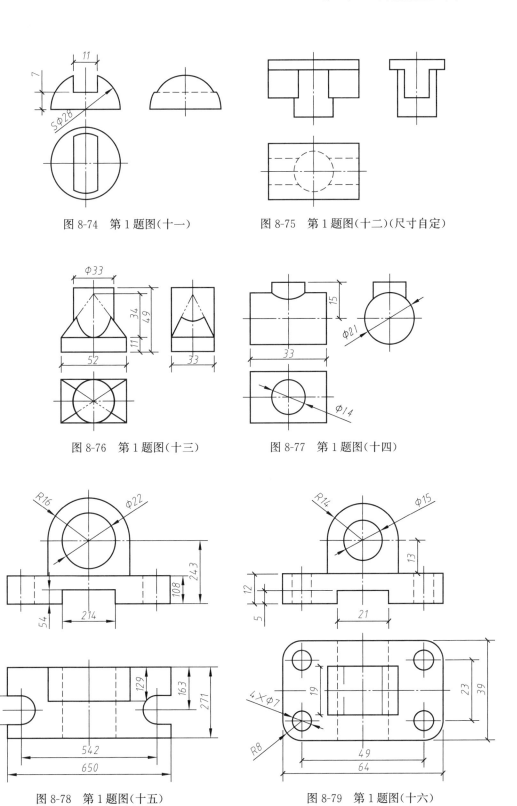

图 8-74　第 1 题图（十一）

图 8-75　第 1 题图（十二）（尺寸自定）

图 8-76　第 1 题图（十三）

图 8-77　第 1 题图（十四）

图 8-78　第 1 题图（十五）

图 8-79　第 1 题图（十六）

2. 根据图 8-80～图 8-81 给定的三维图形分别建模。

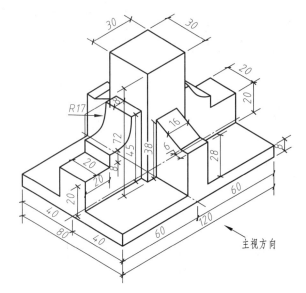

图 8-80　第 2 题图（一）

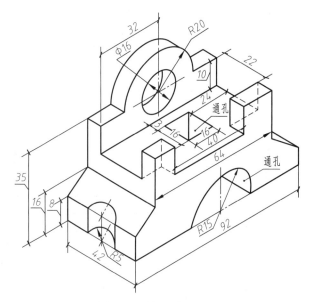

图 8-81　第 2 题图（二）

AutoCAD应用篇

篇首语

AutoCAD软件的应用领域广泛,每个行业对人才掌握软件的熟练程度要求不同。在学生阶段检验其应用技能水平的平台当属各级别竞赛。

全国大学生先进成图技术与产品信息建模创新大赛(高教杯)是由教育部高等学校工程图学课程教学指导委员会、中国图学学会制图技术专业委员会、中国图学学会产品信息建模专业委员会联合主办的图学类课程最高级别的国家级赛事,2018年被中国高等教育学会列入全国普通高校学科竞赛排行榜,至2022年已成功举办15届。大赛以培养学生的工匠精神,激发学生的创新意识,探索图学的发展方向,创新成图载体的方法与手段为宗旨。目的在于以赛促教,以赛促学,以赛促改,全面提高大学生的图学能力,培养大量优秀人才。大赛结合新工科建设和工程教育专业认证,设立机械、建筑、水利、道桥4个竞赛类别。本书以土建大类为主,因此侧重于建筑、水利、道桥3个方向。

华东区大学生CAD应用技能竞赛是由全国CAD应用培训网络——南京中心、江苏省工程图学会联合主办的省级学科技能竞赛,每年春季比赛,自2011年迄今已成功举办12届,有工程图绘制(机械类)、工程图绘制(土木建筑类)、三维数字建模(机械类)、三维数字建模(土木建筑类)、电子产品CAD设计5个赛项,土木建筑类的赛题特点是偏向于工程应用,题目读图量和绘图量都很大,对学生的工程素养要求很高,难度与"高教杯"国赛类似。

第9章　建筑CAD

AutoCAD软件可用来绘制建筑平面图、立面图、剖面图等建筑工程图样。天正建筑软件是根据中国建筑专业国家标准开发的BIM技术软件平台,软件中有门窗、楼梯等各种专业图库,与AutoCAD软件配合使用可以使绘图和出图更高效、更专业。

9.1　建筑CAD与竞赛

1. 第十五届"高教杯"建筑类大纲

第十五届全国大学生先进成图技术与产品信息建模创新大赛
建筑类大纲

一、基本知识与技能要求

(1)投影知识:正投影、轴测投影、透视投影;

(2)工程形体的表达方法;

(3)建筑类国家制图标准的相关规定;

(4)建筑工程图样的识读、表达及绘制;

(5)计算机二维绘图的知识与技能;

(6)计算机三维建模的知识与技能。

二、竞赛内容

1. 工程图绘制

(1)时间:90分钟;

(2)内容:根据赛题所给图纸,按其要求,使用CAD绘图软件,补绘建筑平面图、立面图、剖面图或建筑详图(优先使用国产CAD软件)。工程图提交格式为"＊.pdf"。

(3)技能要求:

a. 熟练掌握建筑施工图识读和表达方法;

b. 能够正确使用CAD绘图软件,熟练掌握建筑施工图的绘制方法;

c. 图形表达必须满足国家制图标准以及建筑相关规范的要求,且绘制正确、完整,图面清晰;

d. 图面要求:布图均匀、图面工整、标注齐全、字体达标(中国国家标准);

e. 熟练掌握建筑施工图中常用的符号、图例、图线、标注、比例等的表示要求。应符合现行的国家标准《房屋建筑制图统一标准》(GB／T 50001—2017)、《建筑制图标准》(GB/T 50104—2010)的规定。

2. 建筑信息建模(BIM)

(1)时间:120分钟;

(2)内容:根据所给建筑施工图,完成建筑物的三维信息建模、施工图和效果图发布。

(3)技能要求:

a. 熟练掌握建筑施工图识读方法,能够通过对建筑施工图的识读,准确理解房屋的外部造型及内部构造;

b. 能够正确使用相关三维建筑设计软件,完成建筑物的三维信息建模;

c. 能够使用建筑模型生成建筑施工图,施工图形表达要求正确、完整、达标(国家相关标准和建筑行业规范);

d. 要求具备初步的外部造型设计能力。能够对建筑外立面色彩、材质及门、窗、栏杆等细部样式进行设计和表达;

e. 能够使用信息建模软件提取建筑模型的指定信息(建筑面积、构件统计等);

f. 可以使用建筑设计相关软件进行简单的渲染和后期处理;

g. 答题成果按赛题要求输出规定精度的JPG格式图片文件(大赛阅卷标的)。

三、大赛提供软件

天正建筑TR(Revit版)、天正建筑T20(CAD版)、卡伦特CAD、中望CAD等。

全国大学生先进成图技术与产品信息建模创新大赛组委会

2022年3月

以上内容是"高教杯"竞赛传统赛项,建筑类竞赛还有 BIM 创新应用和制图基础知识单项赛,可查阅"高教杯"网站。

2. 第十二届华东区大学生 CAD 应用技能竞赛大纲——土木建筑类

第十二届华东区大学生 CAD 应用技能竞赛大纲——土木建筑类
一、基本知识与技能要求
(1)制图基本知识;
(2)正投影、轴测投影;
(3)形体表达方法(剖面图、断面图);
(4)国家相关制图标准主要包括:
《建筑制图标准》GB/T 50104—2010;
《总图制图标准》GB/T 50103—2010;
《房屋建筑制图统一标准》GB/T 50001—2017;
《建筑结构制图标准》GB/T 50105—2001。
(5)建筑工程图样的绘制与识读;
(6)用计算机绘图软件绘制建筑施工图的能力。
二、竞赛内容及竞赛时长
(1)建筑工程图绘制:180 分钟;
(2)建筑三维数字建模:180 分钟。
三、建筑工程图绘制基本要求
工程图绘制题型:CAD 基本设置、专业类图纸抄绘。
(1)CAD 基本设置:将 CAD 软件按照制图国标要求进行相关设置。
(2)专业图纸抄图:给出建筑施工图,使用指定软件按图录入,完成抄绘,要求能够熟练掌握软件的基本命令并掌握以下及其他所必需的相关知识:
a. 绘图准备:基本设置、模板文件、图幅(含标题栏制作)等;
b. 绘图与编辑;
c. 图形修饰:文字样式、标注样式、表格样式、引线样式及图块的制作与应用、调用图符、属性查询等;
d. 图形数据:图库的使用、属性修改、图形显示方式和数据查询功能;
e. 布局空间应用;
f. 专业图形绘制。
四、建筑三维数字建模基本要求
(1)根据给定的工程图样,完成三维建模;
(2)对色彩、材质及细部进行设计和表达;
(3)适当的渲染及后期处理。
五、说明
如果大纲有未尽说明,请使用电话或者电子邮件联系组委会进行咨询。

华东区大学生 CAD 应用技能竞赛的竞赛软件在竞赛细则中有如下规定:**中望 CAD**、中望 3D、3D One plus、**AutoCAD**、浩辰 CAD、PTC Creo、UG NX、SolidWorks、Autodesk Inventor、**天正建筑**、**浩辰建筑设计 CAD**、**3ds Max**、**Autodesk Revit**、**Sketchup**、**Photoshop CS**、Altium Designer 等。粗体字部分软件可用于参加建筑类赛项。

3. 两项竞赛大纲简要对比

两项比赛在竞赛要求和内容上有相近之处。基本知识与技能要求均包括:投影知识,建筑类国家标准,建筑工程图样的识读、表达及绘制,计算机二维和三维知识和技能。三维部分竞赛内容和提交要求相近,软件要求相近。

两项竞赛的区别:"高教杯"竞赛时长短,工程图部分以补绘建筑平面图、立面图、剖面图或建筑详图为主,读图量大、绘图量适中,重点考察选手工程图的识读能力及计算机软件的熟练程度;华东区赛竞赛时长较长,工程图部分以建筑施工图的抄绘为主,题量较大,倾向于考察选手的软件操作熟练程度,更关注软件的绘图技巧。

本章以建筑工程图样的识读作为理论基础,介绍天正建筑软件绘制工程图的基本流程。

9.2 建筑施工图基础知识

●┈┈┈●视频

建筑施工图
基础知识

9.2.1 房屋建筑制图

由于房屋的构配件和材料种类较多,为作图和读图简便,国家标准规定了一系列规定画法和设计规范。竞赛中常用到的标准及规范有《住宅设计规范》(GB 50096—2011)、《房屋建筑制图统一标准》(GB/T 50001—2017)、《建筑制图标准》(GB/T 50104—2010)等。

1. 图纸幅面规格与图纸编排顺序(见表 9-1)

表 9-1　图纸幅面

尺寸代号	幅 面 代 号				
	A0	A1	A2	A3	A4
$b \times l$	841×1189	594×841	420×594	297×420	210×297
c	10			5	
a	25				

注:b 为幅面短边尺寸,l 为幅面长边尺寸,c 为图框线与幅面线间距,a 为图框线与装订边间宽度。

图纸短边尺寸不可加长,长边可加长。

工程图纸按照专业顺序编排,应为图纸目录、设计说明、总图、建筑图、结构图、给水排水图、暖通空调图、电气图等编排。

2. 图线

图线的基本宽度为 b,有 1.4mm、1.0mm、0.7mm、0.5mm 四个线宽系列,图线应按照表 9-2 选择线宽组。各种图样的线型详见各专业图标准。

表 9-2　线宽组

线 宽 比	线 宽 组			
b	1.4	1.0	0.7	0.5
$0.7b$	1.0	0.7	0.5	0.35
$0.5b$	0.7	0.5	0.35	0.25
$0.25b$	0.35	0.25	0.18	0.13

3. 字体

文字的高度应从表 9-3 选取,字高大于 10mm 的文字宜采用 True type 字体,如果需要书写更大的字,其高度应按根号 2 的倍数递增。

表 9-3　字高

字体种类	汉字矢量字体	True type 字体及非汉字矢量字体
字高	3.5、5、7、10、14、20	3、4、6、8、10、14、20

　　图样及说明中的汉字宜优先采用 True type 字体中的宋体字型,采用矢量字体时汉字应为长仿宋体,宽高比为 0.7;True type 字体宽高比宜为 1。

　　图样及说明中的字母、数字宜优先采用 True type 字体中的 Roman 字型。斜体字的斜度应是从字的底线逆时针向上倾斜 75°。

4. 比例

　　图样的比例应为图形与实物相对应的线性尺寸之比。比例的符号应为":"。比例应用阿拉伯数字表示,宜注写在图名的右侧,字的基准线应取平,比例的字高宜比图名的字高小一号或两号,如图 9-1 所示。绘图所用的比例见表 9-4。

$$\underline{平面图}\ 1:00$$

图 9-1　图名比例

表 9-4　比例

常用比例	1:1,1:2,1:5,1:10,1:20,1:50,1:100,1:150,1:200,1:500,1:1000,1:2000
可用比例	1:3,1:4,1:6,1:15,1:25,1:40,1:60,1:80,1:250,1:300,1:400,1:600,1:5000,1:10000、1:20000、1:50000、1:100000、1:200000

5. 符号

(1)剖切符号

　　剖切符号可选图 9-2 或者图 9-3 中的一种。图 9-2 中的圆直径为 8~10mm,上方为索引编号,下方为图纸编号,涂黑部分的箭头形状表示剖视方向。图 9-3 中的剖切位置线为 6~10mm,投影方向线为 4~6mm;需要转折处应在转角外侧注明同样的编号。

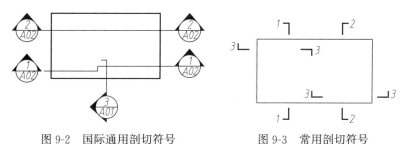

图 9-2　国际通用剖切符号 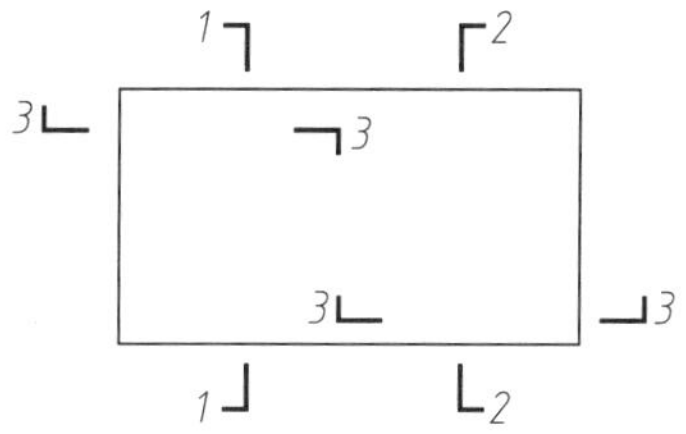　　　　　图 9-3　常用剖切符号

　　建筑物剖面图的剖切符号应注在±0.000 标高的平面图或首层平面图上;局部剖切图(不含首层)、断面图的剖切符号应注在剖切部位的最下面一层的平面图上。

(2)索引符号和详图符号

　　索引符号是由直径为 8~10mm 的圆和水平直径组成,圆及水平直径应以细实线绘制。索引符号如用于索引剖视详图,应在被剖切的部位绘制剖切位置线,并以引出线引出索引符号,引出线所在的一侧应为剖视方向。图 9-4(a)所示为索引的剖视详图在本张图纸上,编号为 1,投射方向为从左向右;图 9-4(b)所示为索引的剖视详图在本张图纸上,编号为 2,投射方向为从上向下;图 9-4(c)所示为索引的剖视详图在第 4 号图纸上,编号为 3,投射方向为从下向上;图 9-4(d)所示为索引的剖视详图在第 2 号图纸上,编号为 5,参考 J103 图集,投射方向为从左向右。

　　详图的位置和编号,应以详图符号表示。详图符号的圆应以直径为 14mm 的粗实线绘制。详图与被索引的图样同在一张图纸内时,应在详图符号内用阿拉伯数字注明详图的编号,如图 9-5(a)

所示。详图与被索引的图样不在同一张图纸内时,应用细实线在详图符号内画一水平直径,在上半圆中注明详图编号,在下半圆中注明被索引的图纸的编号,如图9-5(b)所示。

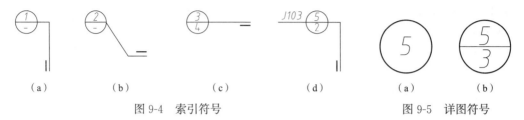

| (a) | (b) | (c) | (d) | (a) | (b) |

图 9-4　索引符号　　　　　　　　　　　　图 9-5　详图符号

(3)指北针与风玫瑰

指北针用于标明建筑的方位,应绘在建筑物±0.000标高的平面图上,并应放在明显位置,所指的方向应与总图一致。如图9-6所示,圆的直径宜为24mm,用细实线绘制;指针尾部的宽度宜为3mm,指针头部应注"北"或"N"字。需要用较大直径绘制指北针时,指针尾部的宽度宜为直径的1/8。

北

D/8

图 9-6　指北针画法

风玫瑰图也称风向频率玫瑰图,它是根据某一地区多年平均统计的各个风向频率的百分数值,并按一定比例绘制,一般多用8个或16个罗盘方位表示,玫瑰图上所表示风的吹向(即风的来向),是指从外面吹向地区中心的方向。风玫瑰折线上的点离圆心的远近,表示从此点向圆心方向刮风的频率的大小。实线代表常年风向频率,虚线表示夏季风频率。每个城市有固定的风玫瑰图。图9-7所示为合肥市风玫瑰,最大的常年风频率为南风,最大的夏季风频率为东风。风玫瑰上若标记"北",功能类似于指北针。

北

图 9-7　风玫瑰

6. 定位轴线

定位轴线是用于确定主要结构位置的线。定位轴线应用细单点长画线绘制。如图9-8(a)所示,圆应用细实线绘制,直径为8～10mm。编号应注写在轴线端部的圆内。如图9-8(b)所示,定位轴线圆的圆心应在定位轴线的延长线上或延长线的折线上。一般情况下,平面图上定位轴线的编号,宜标注在图样的下方或左侧,或在图样的四周标注。横向编号应用阿拉伯数字,从左至右顺序编写;竖向编号应用大写英文字母,从下至上顺序编写。

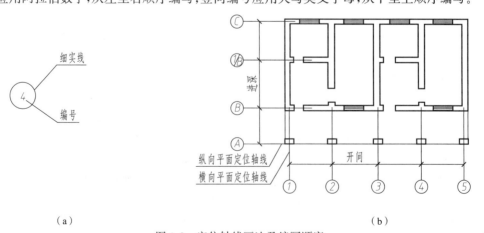

（a）　　　　　　　　　　　　　　　　　　　（b）

图 9-8　定位轴线画法及编写顺序

　　英文字母作为轴线编号时,应全部采用大写字母,不应用同一个字母的大小写来区分轴线号。英文字母的 I、O、Z 不得用作轴线编号。当字母数量不够使用时,可增用双字母或单字母加数字注脚。

　　圆形与弧形平面图中的定位轴线,其径向轴线应以角度进行定位,其编号宜用阿拉伯数字表示,从左下角或−90°(若径向轴线很密,角度间隔很小)开始,按逆时针顺序编写;其环向轴线宜用大写英文字母表示,从外向内顺序编写。图 9-9(a)所示为圆形平面图的定位轴线示例,如图 9-9(b)所示为弧形平面图中的定位轴线示例。

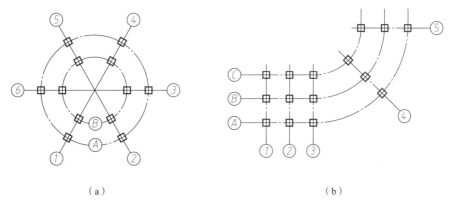

(a)　　　　　　　　　　　　　　　　　(b)

图 9-9　圆形与弧形定位轴线

　　除以上几种轴线编号外,还有折线形编号和组合较复杂的平面图中采用分区编号等。

7. 常用建筑材料图例

　　材料图例的图例线应间隔均匀、疏密适度,两个相同的图例相接时,图例线宜错开或使倾斜方向相反,图 9-10 所示为图例线错开的表示方法。需要画出的建筑材料图例面积过大时,可在断面轮廓线内,沿轮廓线作局部表示,图 9-11 所示为局部图例线。表 9-5 所示为常用建筑材料图例。

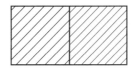　　　　　

图 9-10　图例线错开　　　　　图 9-11　局部图例线

表 9-5　常用建筑材料图例

序　号	图　例	备　注
自然土		包括各种自然土
夯实土壤		
实心砖、多孔砖	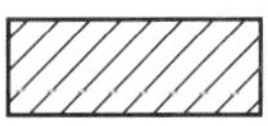	包括普通砖、多孔砖、混凝土砖等砌体

续表

序　号	图　例	备　注
混凝土		(1)包括各种强度等级、骨料、添加剂的混凝土； (2)在剖面图上绘制表达钢筋时，则不需要绘制图例线； (3)断面图形较小，不易绘制表达图例线时，可填黑或深灰(灰度宜70%)
钢筋混凝土		

注：(1)本表中所列图例通常在1：50及以上比例的详图中绘制表达。
　　(2)斜线、短斜线、交叉线等均为45°。

当国家标准中未包括图样中的图例时，可在图样中自编图例并加以说明。

8. 尺寸标注

图样上的尺寸应包括尺寸界线、尺寸线、尺寸起止符号和尺寸数字。机械类图样常用箭头作为尺寸起止符号；建筑类线性尺寸的尺寸起止符号常用2~3mm的中粗斜短线绘制，角度、半径、直径、弧长等用箭头作为尺寸起止符号。

薄板厚度数字前加符号"t"，如图9-12所示。正方形尺寸前加正方形符号□，如图9-13所示。

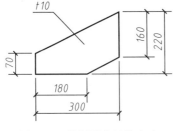

图 9-12　薄板厚度标注方法

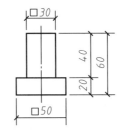

图 9-13　标注正方形尺寸

外形为非圆曲线的构件，可用坐标形式标注尺寸，如图9-14所示。该图为简化画法，图中的等号表示构件左右对称，右半部分省略，6800是完整构件的总长。

杆件或管线的长度，在单线图(桁架简图、钢筋简图、管线简图)上，可直接将尺寸数字沿杆件或管线的一侧注写，如图9-15所示。

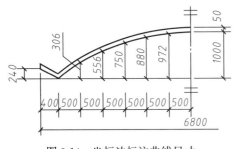

图 9-14　坐标法标注曲线尺寸

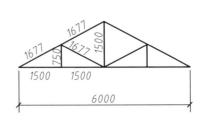

图 9-15　单线图尺寸标注方法

数个构配件如仅某些尺寸不同，这些有变化的尺寸数字可用拉丁字母注写在同一图样中，另列表格写明其具体尺寸。图9-16(a)所示为柱构件的图样，图9-16(b)所示为不同编号的柱对应的尺寸。

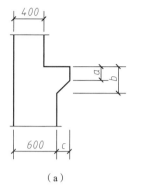

构件编号	a	b	c
Z-1	200	200	200
Z-2	250	450	200
Z-3	200	450	250

(a)　　　　　　　　　　　(b)

图 9-16　相似构配件尺寸表格式标注方法

标高符号应以等腰直角三角形表示，并应按照图 9-17(a)所示形式用细实线绘制，如标注位置不够，也可按图 9-17(b)所示形式绘制。标高符号的具体画法如图 9-17(c)、图 9-17(d)所示。总平面图中的标高画法如图 9-18 所示。标高数字应以米为单位，注写到小数点以后第三位。在总平面图中，可注写到小数字点以后第二位。零点标高应注写成±0.000，正数标高不注"＋"，负数标高应注"－"。在图样的同一位置需要表示几个不同标高时，标高数字可按图 9-19 所示的形式注写。

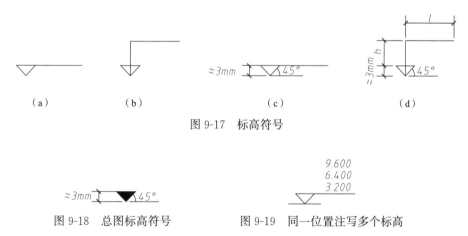

(a)　　　　　(b)　　　　　(c)　　　　　(d)

图 9-17　标高符号

图 9-18　总图标高符号　　　　图 9-19　同一位置注写多个标高

9. 计算机辅助制图文件

计算机辅助制图文件分为图库文件和工程计算机辅助制图文件。工程计算机辅助制图文件宜包括工程模型文件、工程图纸文件以及其他计算机辅助制图文件。

图库文件应根据建筑体系、部品部件等进行分类，并进行命名及目录分级，图库文件及文件夹的名称宜使用英文字母、数字和连字符"－"的组合。

二维的工程模型文件应根据不同的工程、专业、类型进行命名，宜按照平面图、立面图、剖面图、大比例视图、详图、清单、简图等的顺序编排。图 9-20 所示为工程图纸编号格式。三维的工程模型文件应根据不同的工程、专业（含多专业）进行命名。图 9-21 所示为工程模型文件命名格式。

图 9-20 工程图纸编号格式   图 9-21 工程模型文件命名格式(灰色部分表示可选项)

建筑专业常用代码列表见表 9-6。

表 9-6 建筑专业常用代码列表

专　业	专业代码名称	英文专业代码名称	备　注
通用	—	C	—
总图	总	G	含总图、景观、测量/地图、土建
建筑	建	A	—
结构	结	S	—
给水排水	给水排水	P	—
暖通空调	暖通	H	含采暖、通风、空调、机械
	动力	D	—
电气	电气	E	—
	电讯	T	—
室内设计	室内	I	—
园林景观	景观	L	园林、景观、绿化
消防	消防	F	—
人防	人防	R	—

总图专业文件图名代码、建筑专业部件文件图名代码、结构专业部件文件图名代码、给水排水专业部件文件图名代码、暖通空调专业部件文件图名代码、电气专业部件文件图名代码、电讯专业部件文件图名代码、智能化专业部件文件图名代码等详见《房屋建筑制图统一标准》(GB/T 50001—2017)附录 A。

10. 计算机辅助制图文件图层

图 9-22 所示为汉字图层命名格式,图 9-23 所示为英文图层命名格式。

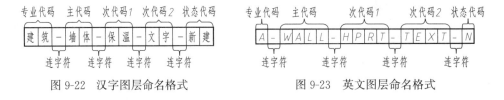

图 9-22 汉字图层命名格式   图 9-23 英文图层命名格式

11. 计算机辅助制图规则

(1)制图方向与指北针

平面图与总平面图的方向宜保持一致;绘制正交平面图时,宜使定位轴线与图框边线平行;绘制有几个局部正交区域组成且各区域相互斜交的平面图时,可选择其中任意一个正交区域的定位轴线与图框边线平行;指北针应指向绘图区的顶部,并在整套图纸中保持一致。图 9-24 所示为正交区域相互斜交的平面图制图方向与指北针方向示意图。

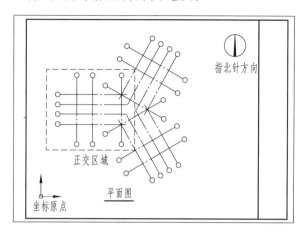

图 9-24 正交区域相互斜交的平面图制图方向与指北针方向示意

（2）坐标系与原点

计算机辅助制图时,宜选择世界坐标系或用户定义坐标系;绘制工程总平面图中有特殊要求的图样时,宜使用大地坐标系;坐标原点的选择一是绘制的图样位于横向坐标轴的上方和纵向坐标轴的右侧,并紧邻坐标原点;在同一工程中,各专业应采用相同的坐标系与坐标原点。

（3）布局

计算机辅助制图时,宜按照自下而上、自左至右的顺序排列图样,宜先布置主要图样,再布置次要图样,表格、图纸说明宜布置在绘图区的右侧。

（4）比例

计算机辅助制图时,采用 1∶1 的比例绘制图样时,应按照图中标注的比例打印成图。宜采用适当的比例书写图样及说明中文字。

9.2.2 施工图的产生及分类

房屋的建造一般需要经过设计和施工两个过程,而设计工作一般又分为两个阶段,即初步设计阶段和施工图设计阶段。

初步设计阶段主要任务:根据建设单位提出的设计任务和要求,进行调查研究、搜集资料,从总体布置、平面组合方式、空间形体、建筑材料和承重结构等方面进行初步考虑,提出合理的设计方案（多个方案比较）。内容包括:简略的总平面布置图及房屋的平、立、剖面图,具有视觉和造型感觉的透视效果图;设计方案的技术经济指标;设计概算和设计说明等。

施工图设计阶段主要任务:满足工程施工各项具体技术要求,提供一切准确可靠的施工依据。内容包括:指导工程施工的所有专业施工图、详图、说明书、计算书及整个工程的施工预算书等。对于大型的、技术复杂的工程项目也有采用 3 个设计阶段的,即在初步设计基础上,增加一个技术设计阶段。

一套完整的施工图一般包括:首页图、建筑施工、结构施工图、设备施工图和装饰施工图。

（1）首页图:首页图由施工图总封面、图纸目录和施工图设计说明组成,通常各自单列。

施工图总封面标明:工程项目名称;编制单位名称;设计编号;设计阶段;编制单位法定代表人、技术总负责人和项目总负责人的姓名及其签字或授权盖章;编制年月（出图年、月）。

图纸目录是用来方便查阅图纸用的,排在施工图的最前面。目录分项总目录和各专业图纸目录。图纸目录编排顺序为:图纸目录、总图、建筑图、结构图、给水排水图、暖通空调图、电气图等。

施工图设计说明包括:施工图设计的依据性文件、批文、相关规范。

(2)建筑施工图:建筑施工图简称建施,是用来表示房屋的规划位置、外部造型、内部布置、内外装修、细部构造、固定设施及施工要求等的图纸。它包括施工图首页、总平面图、平面图、立面图、剖面图和详图。

(3)结构施工图:结构施工图简称结施,主要表示房屋承重结构的布置、构件类型、数量、大小及做法等。它包括结构布置图和构件详图。

(4)设备施工图:简称设施主要表示各种设备、管道和线路的布置、走向以及安装施工要求等。设备施工图又分为给水排水施工图(水施)、供暖施工图(暖施)、通风与空调施工图(通施)、电气施工图(电施)等。设备施工图一般包括平面布置图、系统图和详图。

(5)装饰施工图:装饰施工图是用于表达建筑物室内外装饰美化要求的施工图样。图纸内容一般有平面布置图、顶棚平面图、装饰立面图、装饰剖面图和节点详图等。装饰施工图与建筑施工图的图示方法、尺寸标注、图例代号等基本相同。因此,其制图与表达应遵守现行建筑制图标准的规定,它既反映了墙、地、顶棚3个界面的装饰构造、造型处理和装饰做法,又表示了家具、织物、陈设、绿化等的布置。

9.2.3 建筑施工图的识读

1. 建筑总平面图

用水平投影法和相应的图例,在画有等高线或加上坐标方格网的地形图上,画出新建、拟建、原有和要拆除的建筑物、构筑物的图样称为建筑总平面图。建筑总平面图表明了新建房屋所处范围内的总体布置情况,包括新建、拟建、原有和拆除的房屋、构筑物等的位置和朝向,室外场地、道路、绿化等的布置,地形、地貌、标高等以及原有环境的关系和邻界情况等。由于图的比例小,房屋和各种地物及建筑设施均不能按真实的水平投影画出,而是采用各种图例作示意性表达。

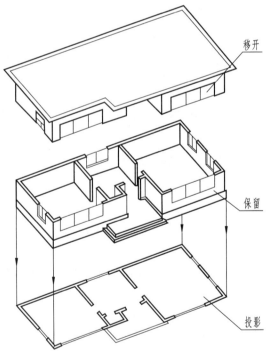

图 9-25 建筑平面图的表示方法

2. 建筑平面图

假想用一个水平剖切平面沿房屋的门窗洞口适当位置把房屋切开,移去上部之后,对剖切平面以下部分进行正投影,所做出的水平投影图,称为建筑平面图,简称平面图。图 9-25 所示为平房的轴测图,沿门窗适当高度剖切后,屋顶及其他切去的部分被移开,则门窗、墙体、台阶等都变成可见部分,按照正投影原理进行投影即可得到该建筑的平面图。

建筑平面图包括多种类型:底层平面图、标准层平面图、顶层平面图、屋顶平面图等。每幅平面图表达的内容有所不同。下面以图 9-26~图 9-28 所示的二层独栋建筑(局部结构简化)为例介绍建筑平面图的读图顺序。

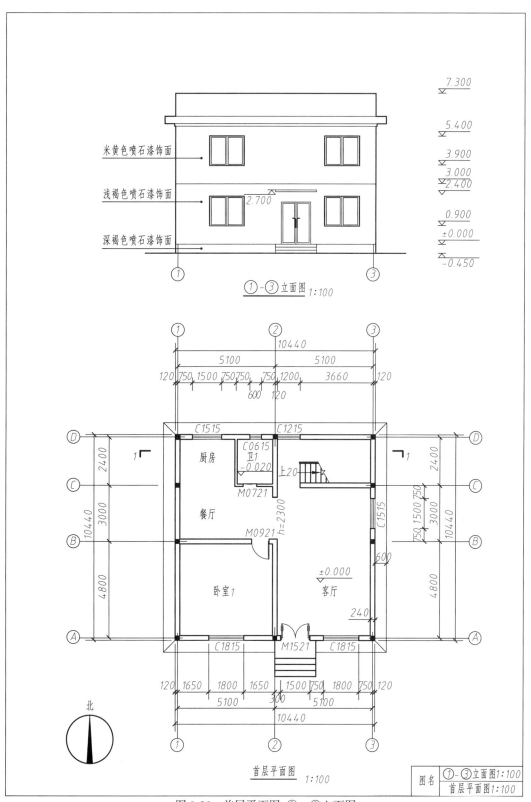

图 9-26 首层平面图、①—③立面图

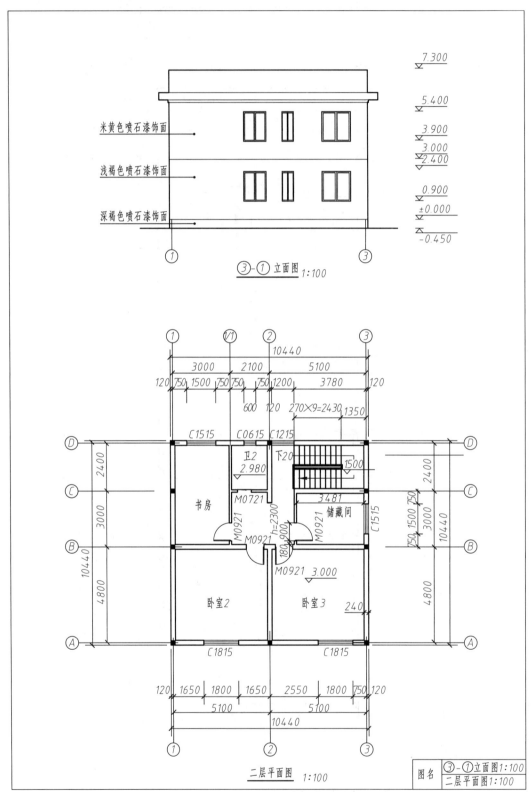

图 9-27　二层平面图、③—①立面图

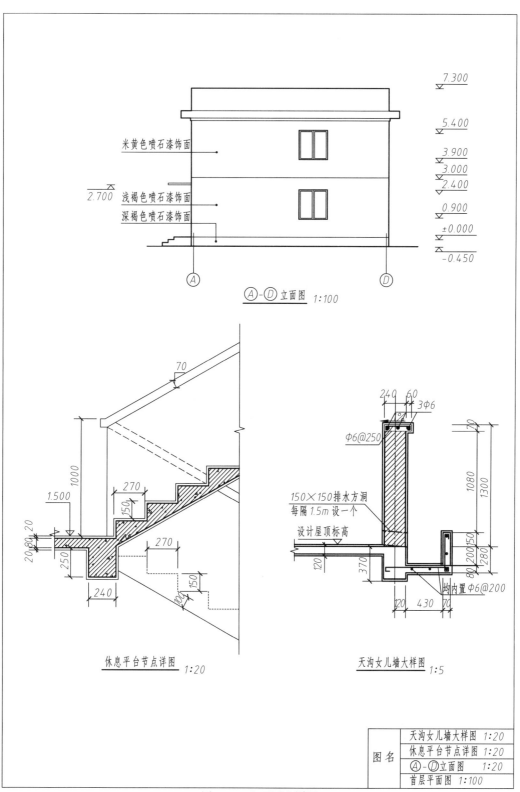

米黄色喷石漆饰面

浅褐色喷石漆饰面

深褐色喷石漆饰面

7.300
5.400
3.900
3.000
2.400
0.900
±0.000
−0.450

2.700

Ⓐ-Ⓓ 立面图 *1:100*

休息平台节点详图 *1:20*

天沟女儿墙大样图 *1:5*

150×150排水方洞
每隔1.5m 设一个

设计屋顶标高

均内置Φ6@200

Φ6@250

3Φ6

图 名	天沟女儿墙大样图 *1:20*
	休息平台节点详图 *1:20*
	Ⓐ-Ⓓ立面图 *1:20*
	首层平面图 *1:100*

图 9-28 立面图和详图

(1)读图名、识形状、看朝向

由图 9-26 中的平面图可知,图名是首层平面图,比例是 1：100。根据左下角的指北针可知该建筑坐北朝南。

(2)懂布局

由图 9-26 中的平面图和立面图可知,该建筑为二层独栋建筑,首层有卧室 1、客厅、餐厅、厨房和卫生间 1,建筑内有首层通往二层的楼梯间和楼梯;由图 9-27 中的平面图可知,二层有卧室 2、卧室 3、书房、储藏间和卫生间 2。

(3)根据轴线定位置

定位轴线是为方便施工放线和查阅图纸而设的,一般取在墙柱中心线或距离内墙皮 120mm 的位置。图 9-26 首层平面图所示建筑水平方向有①—③号轴线,垂直方向有Ⓐ—Ⓓ号轴线,①轴线之后有一根附加轴线⑪。

(4)读楼梯

楼梯是建筑物中作为楼层间垂直交通用的构件,用于楼层之间和高差较大时的交通联系。由连续梯级的梯段、平台和围护结构等组成。楼梯按梯段可分为单跑楼梯、双跑楼梯和多跑楼梯。按照梯面的平面形状又可分为直线型、折线型和曲线型。单跑楼梯有一个连续梯级,适合于层高较低的建筑。双跑楼梯最为常见,有两个连续梯级和一个休息平台。图 9-29 所示为双跑楼梯示例。

图 9-29　双跑楼梯示例

由图 9-26 和图 9-27 可知,该建筑室内有一个双跑楼梯,级数是 20 级,即由首层至二层共有 20 级踏步。由于平面图是沿门窗适当高度剖切,楼梯被切断,可以用 45°折断线表示剖切之后剩余的楼梯部分,箭头方向和数字表示沿该楼层到达二楼有 20 级。由 9-26 和 9-27 可知,需要从首层面向楼梯方向的左侧上至休息平台,转身上第二个梯段至二楼,再转身通往储藏间方向的楼板有楼梯间的开孔,为保证安全,楼梯扶手必须延伸到储藏间所在的墙体。

(5)读尺寸,识开间和进深,识图例,读其他细部结构,算面积

尺寸包括标高、总体尺寸、轴线间定位尺寸、门窗定形与定位尺寸等。

标高:由图 9-26 可知,卧室 1、客厅、餐厅、厨房地面标高±0.000,卫生间地面标高为-0.020。

注意:地面分割线是判断各空间之间是否平齐的标志之一,如图中的客厅地面标高±0.000,餐厅没有注明标高,两个空间也没有地面分割线或者台阶分割,因此餐厅地面标高也是±0.000。

门窗:图中 M 表示门,C 表示窗。

多道尺寸:由图 9-26 所示平面图可知,最外一道尺寸为总尺寸,建筑总长 10440mm,总宽 10440mm。第二道尺寸为轴线间尺寸,可读出开间和进深。水平方向间距表示该空间的开间,垂直方向轴线间距表示该功能空间的进深。卧室 1 开间为①、②轴线间距离 5100,进深为Ⓐ、Ⓑ轴线间距离 4800。第三道尺寸是门窗定形和定位尺寸及其他细部。靠近①轴线的 C1815 窗定位尺寸是:距离①轴线 1650,距离②轴线 1650;定形尺寸是 1800。

室内门的定位和定形尺寸就近标注,图 9-27 二层平面图的储藏间门 M0921 定位尺寸是 180,定形尺寸是 900。

门窗的高度定形尺寸和定位尺寸可以借助其他视图,也可在门窗表中查阅(本节略)。图 9-27 中门窗编号为 M0921,表示门宽 900,高 2100;C1515,表示窗宽 1500,高 1500。

根据每个空间的尺寸可计算出套型内各空间面积及套型总面积,进而可算出整栋楼的建筑面积。

图 9-26 首层平面图中有散水和室外台阶等结构,这是底层平面图与标准层平面图之间的区别之一。首层平面图中有指北针和剖切符号。读剖面图时,需要根据剖切符号判断剖切位置和投影方向。读其他平面图的步骤可参考以上建筑平面图的读图顺序(1)~(5)。

屋顶平面图与上述平面图区别较大。需要表示出屋面的排水情况,如排水分区、天沟、屋面坡度、雨水口的位置等。需要画出突出屋面的结构,如电梯机房、水箱、检查孔、天窗、烟道等。经常会有檐口、合水沟做法的索引符号,可查阅其他建筑相关图纸。

3. 建筑立面图

建筑立面图是在与房屋立面平行的投影面上所作的正投影图。它主要反映房屋的外貌和立面装修的做法,绘制时可根据房屋的复杂程度确定立面图的数量。

建筑立面图应包括投影方向可见的建筑外轮廓线和墙面线脚、构配件、墙面做法及必要的尺寸和标高等。相同的门窗、阳台、外檐装修、构造做法等可在局部重点表示,并应绘出其完整图形,其余部分可只画轮廓线。外墙表面分格线应表示清楚,应用文字说明各部分所用面材及色彩。

图 9-26~图 9-28 中有①-③、③-①和Ⓐ-Ⓓ立面图。图中可读建筑层数、立面颜色、标高、门窗样式等信息。

4. 建筑剖面图

假想用一个正立投影面或侧立投影面的平行面将房屋剖切开,移去剖切平面与观察者之间的部分,将剩下部分按正投影的原理投射到与剖切平面平行的投影面上,得到的图称为剖面图。

剖面图主要表示房屋的内部结构、分层情况、各层高度、楼面和地面的构造以及各配件在垂直方向的相互关系等内容。因此,剖切位置应选在能反映内部构造的部位,并尽可能通过门窗洞口和楼梯间。

下面以图 9-30 所示的 1-1 剖面图为例说明剖面图的读图步骤。

(1)读图名,定位置。

根据图名 1-1 剖面图和轴线编号③、②、①,在图 9-26 首层平面图中找剖切位置 1-1。由图 9-26 可知,1-1 剖切平面类型是单一的剖切平面,沿Ⓒ、Ⓓ轴线之间剖切,从后向前投射,或者说从北向南投射。

(2)分析结构

剖切到的结构:首层剖切到③、②、①轴线所在的墙体、餐厅、卫生间、楼梯间的第二梯段。将剖切符号抄到二层平面图中观察,发现楼梯间结构与首层有所区别,其他主体结构相同。

可见部分:首层可见部分有第一个梯段及楼梯扶手、M0721 和 FM1521 的一部分,二层可见部分有 M0721 和 M0921;屋面有女儿墙的可见线和天沟的可见线。

(3)读尺寸

剖面图中除了像立面图那样标注主要建筑结构的标高外,还要标出细部标高,以及线性尺寸。图 9-30 左右两侧、下部、内部均有尺寸。左侧尺寸为建筑标高、标高间距离、休息平台和天沟的细部尺寸、楼梯踢面尺寸等;右侧有建筑标高、标高间距离和天沟的细部尺寸等;下部有轴线间尺寸、楼梯的定位尺寸、楼梯踏面的尺寸等；内部有楼梯梁尺寸、楼梯扶手高度、踢脚线高度、门及门洞标高等。

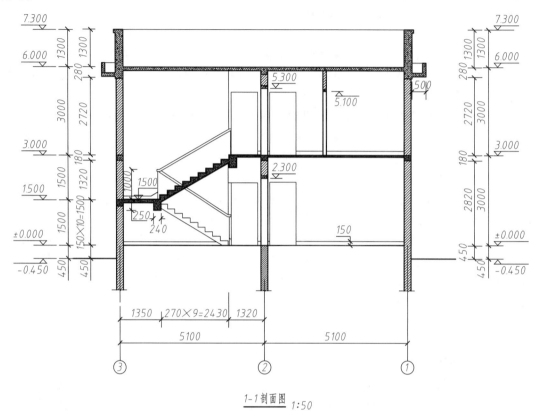

图 9-30 1-1 剖面图

图 9-30 所示 1-1 剖面图的画图步骤：

(1)确定图幅与比例，合理布局

一般情况下剖面图的比例与平面图一致。图纸上应该留出足够的尺寸标注空间。

(2)定轴线、室内外地面、楼面线及屋脊线

根据结构分析确定需要画出的轴线，在平面图中找到这些轴线间距进行画图，如图 9-31(a)所示。

(3)定主要结构的厚度

如图 9-31(b)所示，在第二步的基础上确定楼板、屋顶、地面、楼梯休息平台、基础墙等的厚度和位置。

注意：楼梯两端的定位需要根据平面图或者楼梯详图中的平台尺寸和标高共同确定。

(4)画门窗等细部结构

如图 9-31(c)所示，画出楼梯及扶手、门洞、门过梁、门的可见线、踢脚线等细部结构。检查无误后加粗相应的线型并填充材料符号。

(5)标尺寸

标出标高及线性尺寸，完成图见 9-30。

5. 建筑详图

为了满足施工需要,房屋的某些部位必须绘制较大比例的图样才能清楚地表达。这种对建筑的细部或构配件,用较大的比例将其形状、大小、材料和做法,按正投影图的画法,详细地表示出来的图样,称为建筑详图,简称详图。

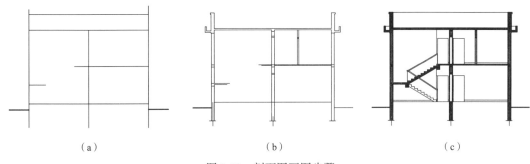

|（a）|（b）|（c）|

图 9-31　剖面图画图步骤

常用的建筑详图有楼梯间详图、外墙剖面详图、厨房详图、厕所详图、阳台详图和壁橱详图等。根据详图所表示的内容,阅读步骤如下:

（1）看详图名称、比例、定位轴线及其编号。

（2）看建筑构配件的形状及与其他构配件的详细构造、层次、有关的详细尺寸和材料图例等。

（3）看各部位和各层次的用料、做法、颜色及施工要求等。

（4）看标注的标高等。

图 9-28 所示为休息平台节点详图和天沟女儿墙大样图。

休息平台节点详图:由图可知休息平台的厚度和标高、楼梯梁的尺寸、楼梯踏面和踢面尺寸、楼梯扶手尺寸、楼梯栏板样式、抹灰线尺寸和材料图例等。

天沟女儿墙大样图:由图可知屋面的厚度和标高、女儿墙的细部尺寸及天沟的内部钢筋布置等。

9.3　天正建筑软件绘制建筑施工图

天正公司成立于 1994 年,至今已开发基于 AutoCAD 与 Revit 双平台的建筑、结构、给排水、暖通、电气、节能、日照、采光等近 30 款产品,在行业内具有广泛的应用基础。

天正建筑软件是利用 AutoCAD 图形平台开发的建筑软件,以先进的建筑对象概念服务于建筑施工图设计,成为建筑 CAD 的首选软件。T20 天正建筑软件通过界面集成、数据集成、标准集成及天正系列软件内部联通和天正系列软件与 Revit 等外部软件联通,打造真正有效的 BIM 应用模式。具有植入数据信息,承载信息,扩展信息等特点。本节以 T20V7.0 为基础介绍该软件。

视频 ●┄┄┄

天正建筑
软件绘制
建筑施工图

9.3.1　天正建筑软件界面

安装并运行 T20 V7.0 后,软件会自动识别计算机中合适的 AutoCAD 版本,屏幕提示如图 9-32 所示。单击"确定"按钮后进入图 9-33 所示界面,界面显示与前期使用偏好有关,可以在右下角切换工作空间选项卡中调整。

界面中较 AutoCAD 软件多出几个工具栏,如图 9-34 所示。从上至下依次为:常用快捷功能 1、常用图层快捷工具、平滑网格(与 AutoCAD 一致)、常用快捷功能 2、自定义工具栏、调整工具。

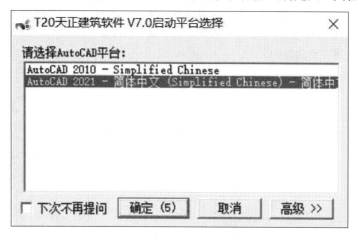

图 9-32　选择 AutoCAD 平台

图 9-33　基于 AutoCAD 草图空间的 T20 V7.0 界面

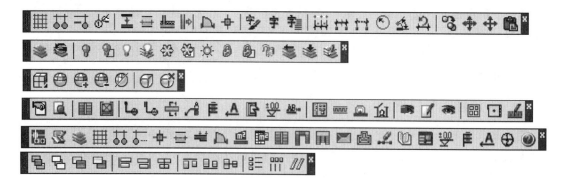

图 9-34　快捷工具栏

如果界面中没有图 9-34 所示工具栏,可右击 AutoCAD 工具栏灰色区域,会发现较之前多出"天正快捷菜单"选项,在其子菜单中可添加或删除相应的工具栏,如图 9-35 所示。

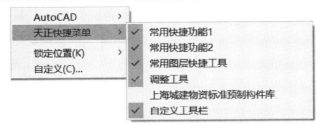

图 9-35　天正快捷菜单工具栏

1. 初始化设置

首先,在命令行输入 ZDY,打开图 9-36 所示自定义对话框。选中"显示天正屏幕菜单"复选框,单击"确定"按钮,打开图 9-37 所示的天正屏幕菜单。菜单中包括 21 个子菜单,图 9-38 所示为"轴网柱子"子菜单。

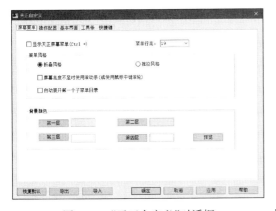

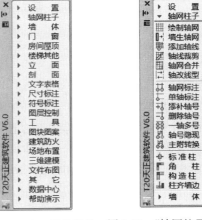

图 9-36　"天正自定义"对话框　　　图 9-37　天正屏幕菜单　图 9-38　"轴网柱子"子菜单

选择"操作配置"选项卡(见图 9-39),可选中"启用天正右键快捷菜单"复选框并进行光标设置等。天正右键快捷菜单如图 9-40 所示。

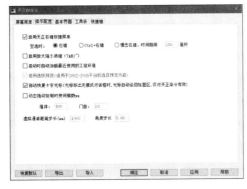

图 9-39　"操作配置"选项卡　　　　　　图 9-40　天正右键快捷菜单

选择"基本界面"选项卡(见图9-41),可对基本界面的文档标签、字体颜色和字体高度等进行设置。

选择"工具条"选项卡(见图9-42),可以将左侧的工具条加入右侧的工具条库。

图9-41 "基本界面"选项卡

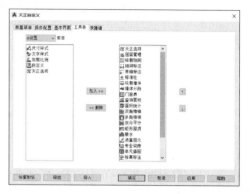

图9-42 "工具条"选项卡

选择"快捷键"选项卡,当前默认9个快捷键(见图9-43),可以根据自己的喜好在表格下方添加快捷键。

2. 天正选项

在绘制项目之前,需要先设置天正选项。在命令行输入 TZXX,弹出"天正选项"对话框,可以对"基本设定""加粗填充""高级选项"进行设置。

图9-44所示为"基本设定"对话框,在"图形设置"栏中可以设置当前比例、层高、门窗编号大写等;在"符号设置"栏中可以设置符号距基线距离、标高符号尺寸等。选择"加粗填充"选项卡(见图9-45),选中"对墙柱向内加粗"和"对墙柱进行图案填充"复选框后,绘制的图样即可自动加粗和填充。选择"高级选项"选项卡(见图9-46),单击左侧的"+"号,弹出分项对应的数值,可以修改。图9-46所示为符号标注、索引符号等的数值提示。

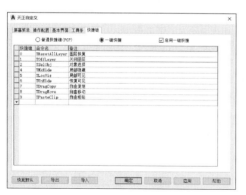

图9-43 "快捷键"选项卡

图9-44 天正选项-基本设置

9.3.2 天正建筑软件常用的工具栏和命令

在图9-34中有3个常用的快捷工具栏,对应的命令如图9-47~图9-49所示。

图 9-45　天正选项—加粗填充

图 9-46　天正选项—高级选项

图 9-47 所示的"常用快捷功能 1"中有绘制轴网、轴网标注、门窗、标准柱等按钮。图 9-48 所示的"常用快捷功能 2"中有双跑楼梯、电梯、通用图库等按钮。图 9-49 所示的"自定义工具栏"中有自定义、天正选项、矩形屋顶等按钮。这些快捷工具栏中的命令均可以在图 9-37 天正屏幕菜单的子菜单中找到，也可以通过命令行输入快捷命令实现。天正软件快捷命令的特点是以命令的汉语拼音首字母组合而成，便于记忆。快捷命令参见附录 B。

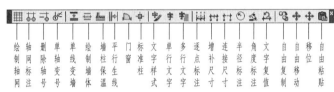

图 9-47　常用快捷功能 1

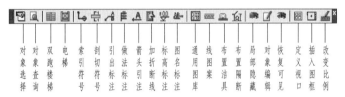

图 9-48　常用快捷功能 2

图 9-49　自定义工具栏

9.3.3　绘制建筑平面图

本节以图 9-26～图 9-28 所示的二层独栋建筑为例介绍建筑平面图的绘制过程。

1. 项目初始化设置

在命令行输入 TZXX,打开图 9-45 所示的"天正选项"对话框,按照工程的要求在其中进行参数设置。"基本设定"选项卡:当前比例设为 100,当前层高设为 3 000,其他参数取默认值即可。"加粗填充"选项卡:选中"对墙柱进行向内加粗""对墙柱进行图案填充"复选框,比例大于 1∶100 时墙柱出图启用详图模式。

2. 轴网

在图 9-38"轴网柱子"子菜单选择"绘制轴网",或者在命令行输入 HZZW,打开图 9-50 所示对话框,有"直线轴网""弧线轴网"两个选项卡。"直线轴网"选项卡中有"上开""下开""左进""右进"4 个类别的轴线间距输入表格,可以在表格中输入数值,也可以在图右侧选取标准模数的数值,或者在下方利用键盘输入。修改下方的轴网夹角,可绘制折线轴网。

图 9-26 首层平面图的各轴线间数据如下:

上开:51005100。

下开:51005100。

左进:480030002400。

右进:480030002400。

输入完成后在屏幕上指定轴网的插入位置,默认可以插入多组轴网,可以按 Esc 键或者 Enter 键结束"绘制轴网"命令。

在图 9-38"轴网柱子"子菜单中选择"轴网标注",或者在命令行输入 ZWBZ,打开图 9-51 所示"轴网标注"对话框,可选"多轴标注"和"单轴标注","多轴标注"中可选双侧或者单侧标注。还可以输入起始轴号,不输入起始轴号即默认为①为上开和下开的起始轴号,Ⓐ为左进和右进的起始轴号。

图 9-26 首层平面图的轴网标注命令行提示如下:

图 9-50 "绘制轴网"对话框

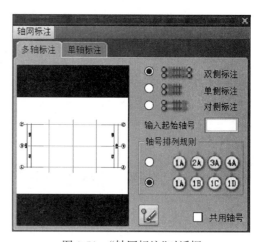

图 9-51 "轴网标注"对话框

命令:ZWBZ

TMULTAXISDIM

命令:Grids

命令:TMultAxisDim

请选择起始轴线<退出>: （屏幕指定最左侧的数字轴线）

请选择终止轴线＜退出＞:	（屏幕指定最右侧的数字轴线 ）
请选择不需要标注的轴线:	（回车,水平轴网标注完成）
请选择起始轴线＜退出＞:	（屏幕指定最下方的字母轴线）
请选择终止轴线＜退出＞:	（屏幕指定最上方的字母轴线）
请选择不需要标注的轴线:	（回车,竖直轴网标注完成）
请选择起始轴线＜退出＞:＊取消＊	

标注完成后如图 9-52 所示。单独的轴线绘制:如图 9-26 首层平面图中卫生间墙体的轴线可以先绘制一条直线,然后用 CAD 的特性匹配工具选择轴网去刷该直线,将其变成轴网,再进行标注。

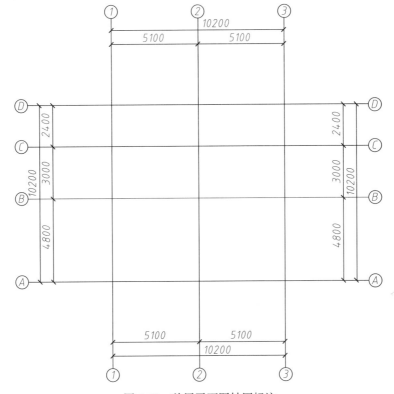

图 9-52　首层平面图轴网标注

3. 墙体和柱

(1)绘制墙体。在图 9-37 天正屏幕菜单中选择"墙体",展开子菜单可找到"绘制墙体"命令,也可以在命令行输入 HZQT,打开图 9-53 所示对话框,该对话框中有"墙体"和"玻璃幕"两个选项卡可选。在"墙体"选项卡中可以根据轴线设置墙体两侧厚度,墙体高度 3000 即开始绘图时设置的墙高。还可以设置材料、用途和防火等。在图 9-53 下方有删除墙体和编辑墙体选项。最下方有直线墙、弧形墙、回形墙、替换墙体、拾取墙体参数、模数开关等按钮,当前默认是直线墙。

在图 9-53 中单击"玻璃幕",得到图 9-54 所示的"玻璃幕"选项卡,可以设置玻璃幕、立柱和横梁参数,还可以选中"隐框幕墙"复选框。下方同样有直线墙、弧形墙、回形墙、替换墙体、拾取墙体参数、模数开关等按钮。

(2)绘制柱。在图 9-38 中有各种柱的选项,如图 9-55 所示。

选择图 9-55 中的"标准柱",打开图 9-56 所示对话框,有矩形、圆形、多边柱可选。在该对话

图 9-53 "墙体"选项卡　　图 9-54 "玻璃幕"选项卡　　图 9-55 柱

框中可以设置标准柱的参数。下方有删除柱、编辑柱、点选插入柱子、沿轴线布置柱子、指定的区域内轴线交点插入柱子、替换柱子、选择 Pline 线创建柱子、拾取柱子形状或已有柱子参数等。当同一类型的柱子数量很多时，可用"指定的区域内轴线交点插入柱子"批量插入柱子，而不是用点选插入的模式。

单击图 9-56 中的"异形柱"，打开图 9-57 所示"异形柱"选项卡，可调整异形柱的参数。

单击图 9-55 中的"构造柱"按钮，命令行提示选择墙角点，选择之后打开图 9-58 所示的"构造柱参数"对话框，可以设置构造柱的参数。

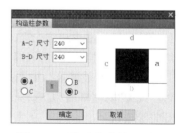

图 9-56 "标准柱"选项卡　　图 9-57 "异形柱"选项卡　　图 9-58 "构造柱参数"对话框

　　图 9-26 中的首层平面图属于构造柱,执行墙体和构造柱命令之后,绘图结果如图 9-59 所示。其中卫生间墙体是先用偏移命令绘制轴线再绘制 120 厚的墙体。

4. 门窗

　　在图 9-37 天正屏幕菜单中单击"门窗"左侧的三角按钮,展开图 9-60 所示子菜单,在该菜单中选择"门窗",打开图 9-61(a)所示"门"对话框。分别点击图 9-61(a)右下方矩形框内的按钮,打开图 9-61(b)～图 9-61(f)所示对话框,分别可以设置窗、门连窗、子母门、弧窗、凸窗等参数。

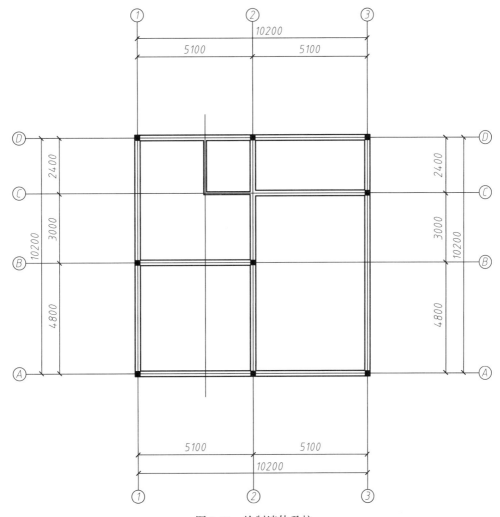

图 9-59　绘制墙体及柱

　　图 9-61(a)所示"门"对话框中,单击左侧门的图例,可以进入图 9-62 所示"天正图库管理系统"对话框,可以选择门的类型;单击右侧门的图例可以选择门的立面类型。在图 9-61(a)中可以自行设置编号、类型、门的宽和高、门槛高等参数;在图的下方(左侧矩形框内)有多种插入门的方式:自由插入、沿墙顺序插入、沿轴线等分插入、沿墙段等分插入、垛宽定距插入、轴线定距插入、按角度插入弧墙上的门窗、鼠标位置居中插入、充满整个墙段插入门窗、插入上层门窗、在已有洞口插入多个门窗、替换已插入的门窗、拾取门窗参数、删除门窗等。

在图 9-61(b)中可以设置窗的平面图和立面图类型,插入方式与门类似。

图 9-26 首层平面图的门窗绘制如图 9-63 所示。

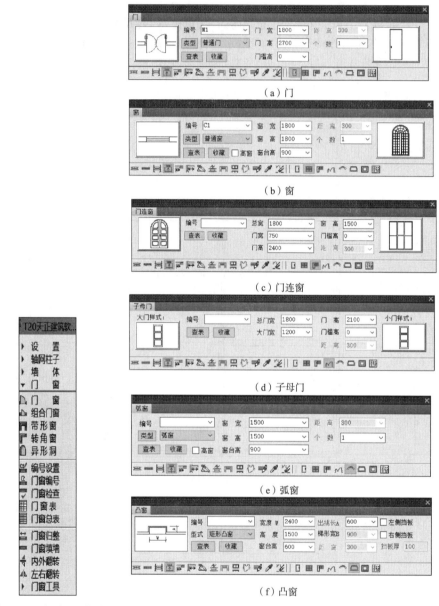

图 9-60 "门窗"子菜单   图 9-61 门窗命令对话框

5. 绘制楼梯、台阶、阳台、散水等

(1)楼梯:在图 9-37 天正屏幕菜单中单击"楼梯其他"左侧的三角按钮,展开图 9-64 所示"楼梯其他"子菜单。选择"双跑楼梯",打开图 9-65 所示"双跑楼梯"对话框,可以设置踏步总数、一跑和二跑步数、踏步高度和宽度、梯间宽、梯段宽、上楼位置、休息平台形状和尺寸、踏步取齐方式等,还可以在"其他参数"栏中设置扶手参数和是否加梁。

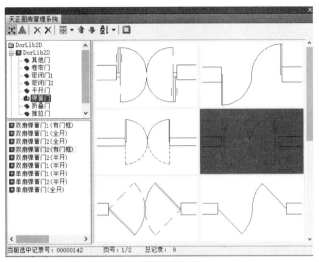

图 9-62　"天正图库管理系统"对话框

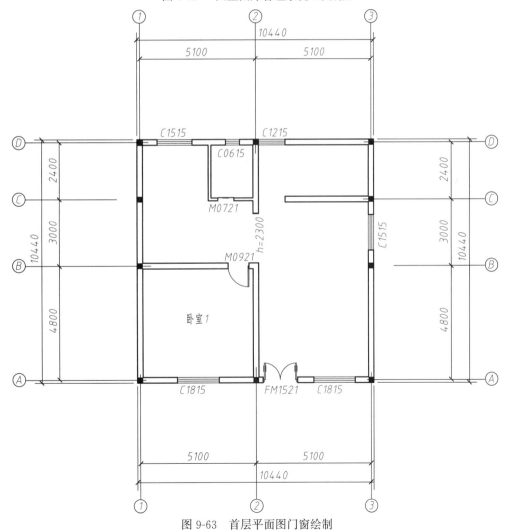

图 9-63　首层平面图门窗绘制

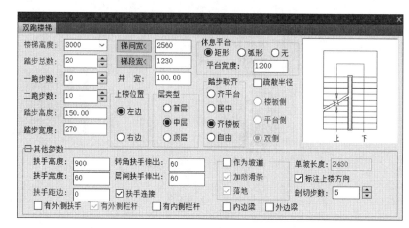

图 9-64 "楼梯其他"子菜单   图 9-65 双跑楼梯

图 9-26 首层平面图中的楼梯参数是:踏步高 150,踏步宽 270,梯间宽根据图选定,井宽为 0,上楼位置在右边,首层,平台宽自动产生,扶手高度 1000、宽度 60,见图 9-28 所示楼梯详图,剖切步数为默认的 5 级。

(2)台阶:选择图 9-64 中的台阶,打开图 9-66 所示的"台阶"对话框。台阶类型有矩形单面台阶、矩形三面台阶、矩形阴角台阶、圆弧台阶等,按照走向分为有普通台阶和下沉式台阶。图 9-26 首层平面图是矩形单面台阶。

图 9-66 "台阶"对话框

(3)阳台:选择图 9-64 中的"阳台",打开图 9-67 所示"绘制阳台"对话框。阳台类型有凹阳台、矩形三面阳台、阴角阳台等。图 9-26 所示的首层平面图中没有阳台。

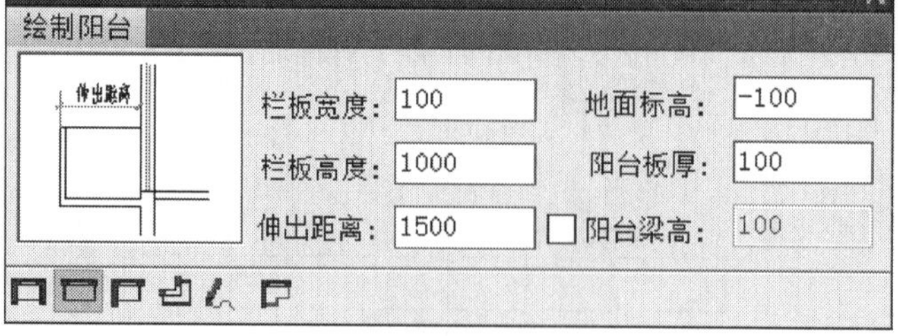

图 9-67 "绘制阳台"对话框

（4）散水：选择图 9-64 中的"散水"，打开图 9-68 所示的"散水"对话框，可以设置散水的宽度和室内外高差。

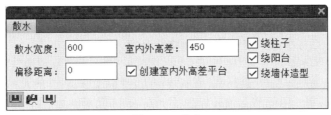

图 9-68　散水

图 9-26 所示的首层平面图完成楼梯、台阶、散水等后如图 9-69 所示。

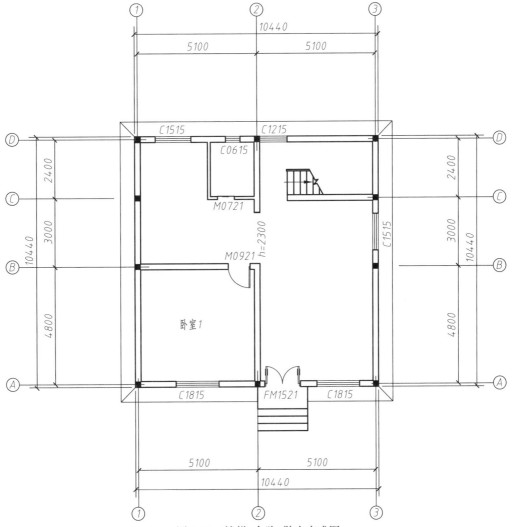

图 9-69　楼梯、台阶、散水完成图

6. 完成尺寸、标高、文本、指北针、索引符号、剖切符号、图名等

在图 9-37 所示的天正屏幕菜单中单击"尺寸标注"左侧的三角按钮，展开图 9-70 所示"尺寸标

注"子菜单。子菜单中有门窗标注、墙厚标注、内门标注、两点标注、平行标注、双线标注、快速标注、自由标注、楼梯标注、外包尺寸等。

尺寸较少时可用逐点标注,图形量大时可用快速标注,然后调整细部尺寸。

在图 9-37 所示的天正屏幕菜单中单击"符号标注"左侧的三角按钮,展开图 9-71 所示符号标注子菜单。子菜单中包括标高标注、剖切索引、画指北针、图名标注等。

(1)标高标注:选择图 9-71 中的"标高标注",打开图 9-72 所示"标高标注"对话框,"建筑"选项卡中右侧有可选三角形室外标高、普通标高、带基线标高、带引线标高、自动对齐标高等可选项。"总图"选项卡中有三角形室外标高、圆形室外标高、普通标高、三角形空心室内标高、十字标高等。选择"建筑"选项卡中的普通标高,选中"手动输入"复选框,在命令行输入标高数据即可标注平面图标高。

(2)指北针:选择图 9-71 中的"画指北针",在平面图左下角插入指北针。

(3)剖切符号:选择图 9-71 中的"剖切符号",在屏幕上指定剖切位置和投射方向。

图 9-70　"尺寸标注"子菜单　　图 9-71　符号标注　　　　图 9-72　"标高标注"对话框

(4)文本:在图 9-37 所示天正屏幕菜单中单击"文字表格"左侧的三角按钮,展开图 9-73 所示子菜单,其中有文字样式、单行文字、多行文字、新建表格等选项。选择"多行文字",打开图 9-74 所示对话框,第一行的符号有上下角标、字体加圈、度和直径等控制码、钢筋代号等。

(5)轴线隐藏:选择轴线,右击,在弹出的快捷菜单中选择"局部隐藏"命令,如图 9-75 所示。如果需要恢复轴线,可选择"局部可见"命令。

图 9-73　文字表格　　　　图 9-74　"多行文字"对话框　　　　图 9-75　右键快捷菜单

（6）通用图库：天正软件中有很多通用图块，在建筑施工图中使用非常方便。在命令行输入 TYTK，打开图 9-76 所示对话框，左上角有 3 个分图库可选，分别是图 9-77 所示的 plan、图 9-78 所示的 detail、图 9-79 所示的 elev 图库。

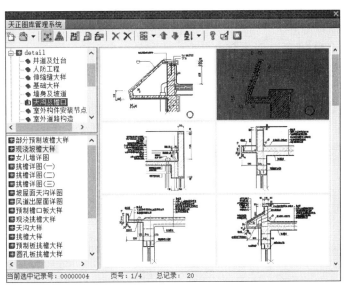

图 9-76　通用图库

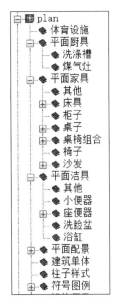

图 9-77　plan 图库

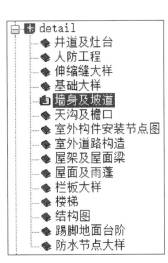

图 9-78　detail 图库

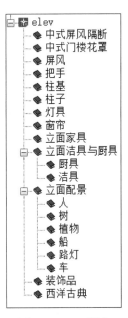

图 9-79　elev 图库

7. 绘制其他平面图

二层平面图与首层平面图相近，将第 6 步完成的平面图复制后，分别修改标高、楼梯、门窗等参数，删除多余部分，图名修改为二层平面图即可。

屋顶平面图需要依据楼层平面图绘制。由于图 9-26 所示建筑为平屋顶,省略了屋顶平面图,下面以常见的坡屋顶为例进行介绍。

在图 9-37 所示的天正屏幕菜单中单击"房间屋顶"左侧的三角按钮,展开图 9-80 所示子菜单,子菜单中有搜索房间、查询面积、楼板洞口、搜屋顶线、矩形屋顶等命令。

首先利用 AutoCAD 中的多段线命令沿需要绘制的坡屋面建筑的首层平面图外墙线绘制多段线,利用 AutoCAD 中的偏移命令将多段线向外偏移出檐口距离,默认 600。

屋顶平面图需要添加雨水管、索引符号、排水方向、分水线、屋顶尺寸等信息,单击图 9-80 中的"加雨水管"可以在屋顶上添加雨水管入口;单击图 9-71 中的剖切索引等可以添加屋顶上其他信息;用逐点标注完成屋顶尺寸。屋顶完成图如图 9-81 所示。

图 9-80 "房间屋顶"子菜单

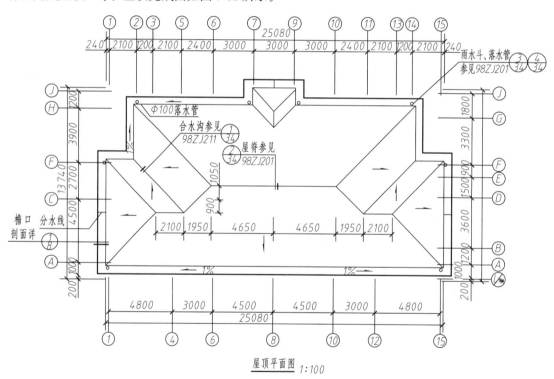

图 9-81 屋顶平面图

8. 生成楼板和地面

每层平面图绘制完成后,需要生成地面和楼板。

使用图 9-80 所示"房间屋顶"子菜单下的"房间轮廓"命令生成房间轮廓。

命令:TSPOUTLINE

请指定房间内一点或[参考点(R)]<退出>:屏幕指定首层平面图房间内一点,回车

是否生成封闭的多段线?[是(Y)/否(N)]<Y>:回车

每一个楼层执行房间轮廓命令,可生成每个房间的多段线。

使用图 9-80"房间屋顶"子菜单下的"楼板洞口"命令,选择楼梯间,将楼梯间所在的楼板挖去。

使用图 9-80 所示的"房间屋顶"子菜单下的"查询面积"命令可以设置板厚为 100，如图 9-82 所示。

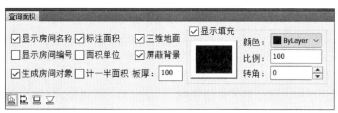

图 9-82　"查询面积"对话框

执行平板(PB)命令，选择房间的多段线，生成平板。

命令：PB

TSLAB

选择一封闭的多段线或圆＜退出＞：　　　　　　　　　　（屏幕指定）

请点取不可见的边＜结束＞：　　　　　　　　　　　　　（屏幕点取）

选择作为板内洞口的封闭的多段线或圆：　　　　　　　（屏幕点取）

板厚(负值表示向下生成)＜200＞：100　　　　　　　　（回车）

9.3.4　生成立面图和剖面图

在图 9-37 所示的"天正屏幕"菜单中单击"文件布图"左侧的三角按钮，展开图 9-83 所示子菜单，选择"工程管理"，打开工程管理对话框，如图 9-84 所示。选择"新建工程"命令，打开"保存文件"对话框，可以为工程取名为"二层小楼"并保存为 .tpr 文件。注意：只有新建工程之后图 9-85 中的按钮才可点击。

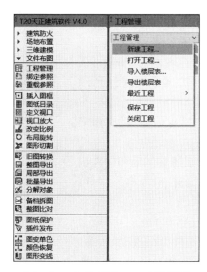

图 9-83　文件布图——工程管理

图 9-84　添加楼层文件

在图 9-84 所示的"楼层"对话框中可以选择添加楼层文件。图 9-84 下部有多个按钮，生成立面图和剖面图时常用的几个按钮如图 9-85(a)~(d)中的亮显按钮所示。图 9-85(a)中亮显按钮的功能是框选楼层平面图,在绘图区域框选首层平面图之后,可以在图 9-84 下方的表格输入楼层信息,表格自动进入下一行,可继续选择新的平面图。每个楼层框选时都有对齐点提示,对齐点必须选易识别点,如同一组轴线交点或者墙角点。

图 9-85(b)所示亮显的按钮是三维组合建筑模型按钮,可以将上述工程中框选的平面图叠加为三维模型。注意:每一层的对齐点须为同一竖直线上的点。

图 9-85(c)所示亮显的按钮是建筑立面按钮,可以得到三维模型的立面图形。

图 9-85(d)所示亮显的按钮是建筑剖面,可以将三维模型进行剖切得到剖面图。剖切之前需要在平面图中添加剖切符号。

（a）框选平面

（b）三维组合

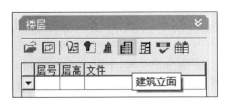

（c）建筑立面

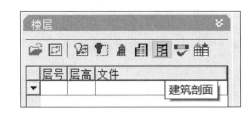

（d）建筑剖面

图 9-85　楼层信息命令

图 9-86　"立面"子菜单

注意:生成立面图和剖面图后,需要使用 AutoCAD 命令完善一些细节,如立面图中的墙面分割线、阳台的栏杆、饰面图案等。

当需要独立完成立面图或者剖面图时,可以利用图 9-86 所示的"立面"子菜单和图 9-87 所示的"剖面"子菜单。

"立面"子菜单:可以选择立面门窗、立面阳台、雨水管线等。

"剖面"子菜单:可以绘制建筑剖面和构件剖面;可以绘制剖面墙、剖面门窗、剖面檐口、门窗过梁等。

当图纸提供方与接收方环境不同时,可能会导致图形信息丢失,需要将文件另存为 T3 文件。

选择图 9-83 中的"整图导出"命令,打开图 9-88 所示对话框,文件取名后单击"保存"按钮,即可在没有天正建筑软件的 AutoCAD 环境下查看与编辑导出的图纸。

图 9-87　"剖面"子菜单

　　如果外来文件不是 T3 文件,计算机中有天正建筑软件时,直接双击文件有时也会出现丢失图形信息的情况,可以先打开天正建筑软件,选择菜单栏中的"文件"→"打开"命令,找到需要打开的文件即可。

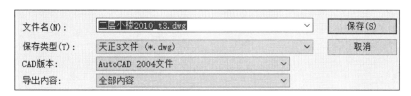

图 9-88　导出 T3 文件

习　题

　　1. 用天正建筑软件绘制图 9-89 所示第 14 届高教杯建筑类二维绘图参考答案,未注尺寸自定(需符合建筑设计规范),图框和标题栏自定。

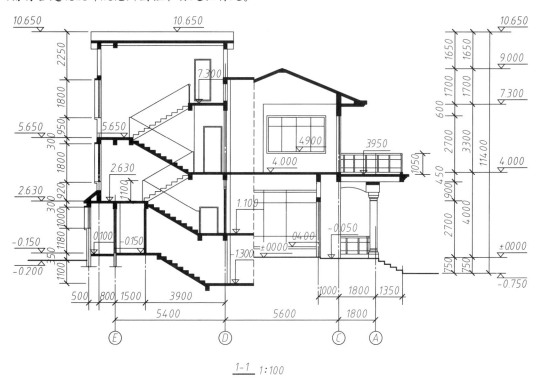

图 9-89　第 14 届高教杯建筑类二维绘图参考答案

　　2. 用天正建筑软件抄绘图 9-90～图 9-94 所示第六届华东区大学生 CAD 技能竞赛赛题,文件保存要求见试卷。

第六届“浩辰杯”华东区大学生CAD应用技能竞赛——建筑工程图试卷　　第1页　共5页

一、试卷说明：

1. 考试方式：计算机操作，闭卷。

2. 考试时间为：180分钟。

3. 打开绘图软件后，考生在指定位置建立一个新文件夹，并以竞赛号命名。考生所做试题应全部存在该文件夹中。

4. 提示：防止计算机出现异常情况，建议在绘图考试过程中，每隔15~30分钟保存一次文件。

二、绘图要求：

1. 按照试题要求，将“一层平面图、①-⑮建筑立面图和1-1剖面图”绘制在指定的位置上。

2. 比例采用1:100。

3. 绘制图幅图框：考虑比赛时间因素，比赛图纸幅面建议选用浩辰2015软件自带的A1图框，标题栏用图块编辑和图块属性值修改方式修改（原标题栏图块不能炸开），形式参见下图。

4. 图线、符号、尺寸等应符合国标要求，不同类别的内容放在不同的图层上。

5. 墙厚均为240mm。门、窗、雨篷、楼梯定形尺寸参见第5页；未标注尺寸自行设计。

6. 汉字采用长仿宋体，在文字样式中建议选用“仿宋体”（GBCBIG字体），非中文字体可选用GBENOR矢量字体。所有字体的打印样式应符合国家建筑制图标准的要求，字高按下表选用，中西文字混排字高以中文为主。

三、试题：（共4题，100分）

1. 完成一层平面图的绘制（参见第2页），并将绘制结果保存为dwg格式，命名为“竞赛号-一层平面图.dwg”，保存在指定的位置。

2. 完成①-⑮立面图的绘制（参见试题第3页），并将绘制结果保存为dwg格式，命名为“竞赛号-①-⑮立面图.dwg”保存在指定的位置。

3. 完成1-1剖面图的绘制（参见第4页），并将绘制结果保存为dwg格式，命名为“竞赛号-1-1剖面图.dwg”保存在指定的位置。

4. 将绘制好的一层平面图、①-⑮立面图和1-1剖面图”合集输出（即将三幅图纸合成一个文件输出），按浩辰GStarArch.ctb打印样式发布为一个多页dwf格式文件，命名为“竞赛号-发布.dwf”，保存在指定的位置。

四、重要说明

答卷中或文件中出现答题者姓名及能够表明身份信息的答卷视为无效答卷。

标题栏形式

							图别	
					图名		图号	
							日期	

字高(mm)	
汉字	5
数字，字母	3.5
标题	7
图名	10

图9-90　第六届华东区大学生CAD技能竞赛(一)

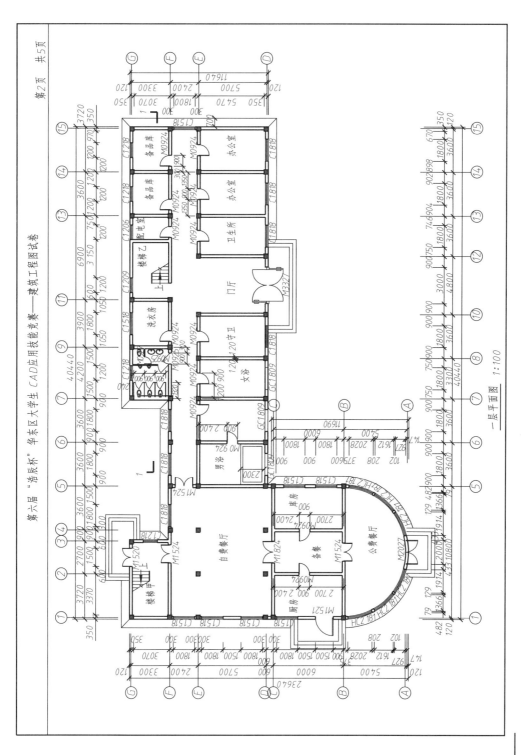

图 9-91 第六届华东区大学生 CAD 技能竞赛(二)

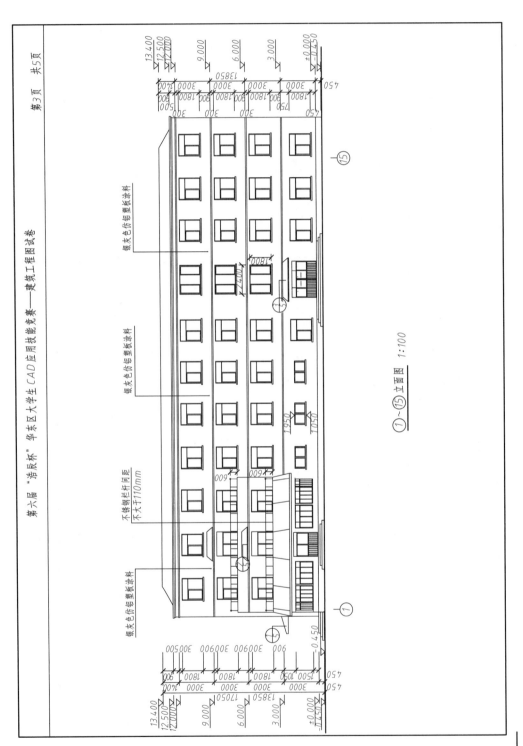

图 9-92 第六届华东区大学生 CAD 技能竞赛(三)

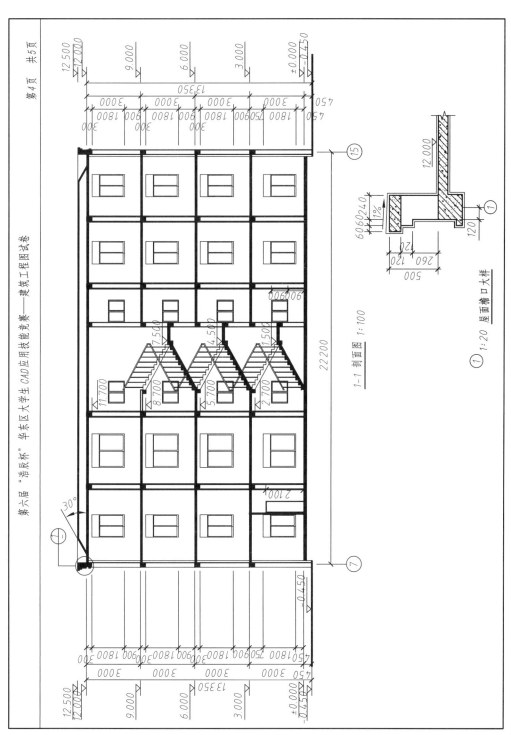

图 9-93　第六届华东区大学生 CAD 技能竞赛（四）

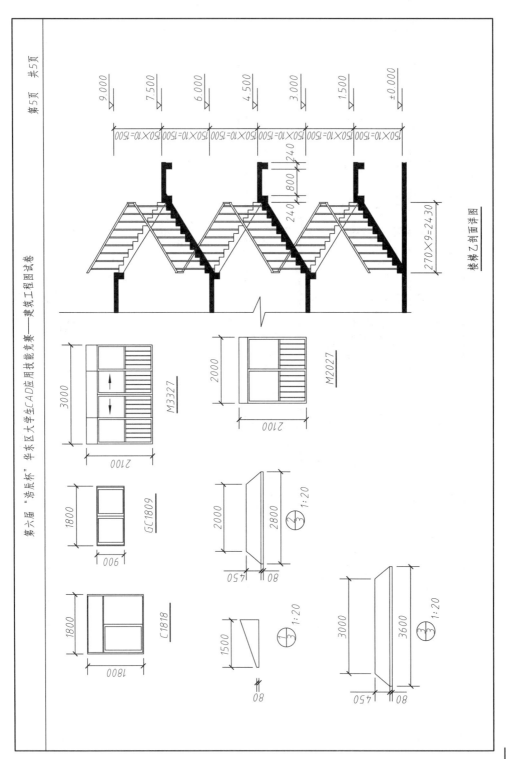

图 9-94 第六届华东区大学生 CAD 技能竞赛（五）

第 10 章　水利工程 CAD

视频
水利工程
CAD与竞赛

　　AutoCAD 软件可用来绘制各种水利工程建筑物的工程图样,如水闸、坝体等。这些水工建筑物的工程图样仍需要符合相应的国家标准,如视图表达方案、尺寸、技术要求、图名比例等均需要按照规范绘制。

10.1　水利工程 CAD 与竞赛

1. 第十五届"高教杯"水利类大纲

<table>
<tr><td colspan="1">

第十五届"高教杯"全国大学生先进成图技术与产品信息建模创新大赛
水利类竞赛大纲

一、总纲

　　本大纲依据教育部高等学校工程图学教学指导委员会于 2015 年制定的《普通高等学校工程图学课程教学基本要求》,适合线上竞赛要求,在往届"水利类竞赛大纲"基础上创新修订完善。

二、基本知识与技能要求

　　熟悉常见水利工程建筑物(如挡水建筑物、泄水建筑物、进水建筑物、输水建筑物、河道整治建筑物等)和它们的多种结构形式,具备基础的水工结构知识;掌握水利工程图样的表达方法,具有较强的绘制和阅读水利工程图的能力。按照《技术制图》标准和 SL 73—2013《水利水电工程制图标准》要求,使用大赛指定软件完成水利工程图绘制和模型创建。

三、竞赛内容和要求

竞赛内容包括:基础知识考核、水利工程图绘制和工程模型创建共三部分。

(一)基础知识考核

(1)考核内容涉及制图标准、投影的基本知识、构型方法、视图表达方法、标高投影以及水利工程图相关知识。

(2)竞赛时长:30 分钟。

(3)考核形式:登录大赛指定的考试平台系统,题型为单选、多选等,系统自动评判。

(4)技能要求:

• 熟练掌握考试平台登录操作并按照大赛要求进行答题以及成果提交。

• 熟悉《技术制图》标准和 SL 73—2013《水利水电工程制图标准》。

• 熟练掌握工程制图基本理论知识以及水利工程图相关内容。

• 熟练应用考试平台按照大赛要求进行答题以及成果提交。

(二)水利工程图绘制

(1)考核内容:使用绘图软件选择合适的表达方法完成对常用水工建筑物水利工程图绘制。

(2)竞赛时长:60 分钟。

(3)成果要求:按照考试平台要求将成果转化为指定的格式后导入,系统智能评判。

(4)技能要求:

• 能够熟练使用绘图软件,正确表达工程形体。

• 能够根据专业要求进行工程图尺寸标注。

• 能够正确应用制图标准,绘制出符合规范的水利工程图。

• 熟练应用考试平台按照大赛要求进行答题以及成果提交。

(三)模型创建与出图

(1)竞赛内容:使用三维建模软件,完成对常见水工建筑物精准实体模型创建并能够基于模型完成出图。

(2)竞赛时长:120 分钟。

(3)成果要求:

• 查询模型信息,如体积等并在考试平台作答,系统自动评判。

• 模型出图成果转换为大赛指定格式导入竞赛平台,系统智能评判。

(4)技能要求:

• 具有较强的识读专业图能力,并应用建模软件精准建模。

</td></tr>
</table>

- 能够针对不同的形体特点灵活应用软件的各种建模方法。
- 熟练掌握软件对模型的组合拆分、信息查询、出图等。
- 能够应用软件对模型出图进行尺寸标注、文字注写等编辑。
- 熟练掌握出图导出、格式转换、平台导入和成果提交。

全国大学生先进成图技术与产品信息建模创新大赛组委会

2022 年 3 月

视频

水利水电
工程制图

10.2　水利水电工程制图

SL 73—2013 是中华人民共和国水利部于 2013 年颁发的水利行业系列标准，包括《水利水电工程制图标准 基础制图》(SL 73.1—2013)、《水利水电工程制图标准 水工建筑图》(SL 73.2—2013)、《水利水电工程制图标准 勘测图》(SL 73.3—2013)、《水利水电工程制图标准 水利机械图》(SL 73.4—2013)、《水利水电工程制图标准 电气图》(SL 73.5—2013)。

1. 基础制图

（1）基本规定

图纸幅面同建筑制图标准。

- 标题栏和会签栏：标题栏应放在图纸右下角，会签栏宜在标题栏的右上方或左侧下方。标题栏外框线是粗实线，分格线是细实线。A0 和 A1 图纸的标题栏如图 10-1 所示。A2～A4 的标题栏长度减半为 90，如图 10-2 所示。

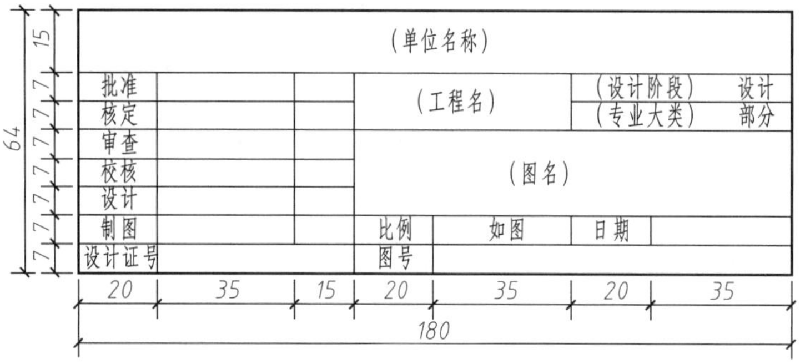

图 10-1　A0 和 A1 标题栏

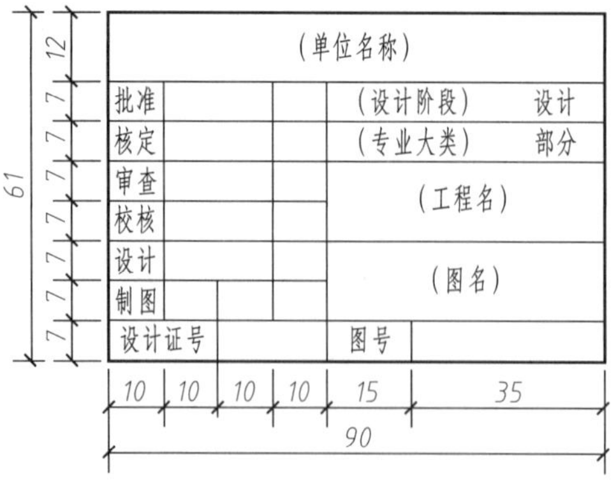

图 10-2　A2～A4 标题栏

- **字体**:汉字宜采用仿宋体,正体字;阿拉伯数字可用斜体字,字头向右倾斜 75°。
- **图线**:线宽的尺寸系列有 0.18mm、0.25mm、0.35mm、0.5mm、0.7mm、1.0mm、1.4mm、2.0mm。图线画法与建筑制图一致。,如图 10-3 所示,引线终端指向物体轮廓线以内的宜采用圆点标示;指向物体轮廓表面轮廓线上的宜用箭头表示;指在尺寸线上的,不绘圆点和箭头。

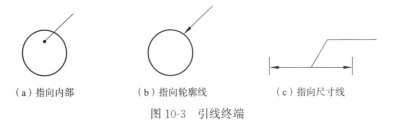

（a）指向内部　　　　（b）指向轮廓线　　　　（c）指向尺寸线

图 10-3　引线终端

(2)图样画法
- **一般规定**:建筑物或构件的图样宜采用直接正投影法第一分角画法绘制。
- **指北针**:可按照图 10-4 所示样式绘制,图线宽 0.35mm,B 可取 16～20mm。
- **连接符号**:图形的连接符号可用细实线或相配线表示。图 10-5(a)所示为细实线作为连接符号。图 10-5(b)所示为相配线作为连接符号,宜标注"相配线"字样,并应在相配线侧同时标注分段的相同桩号。
- **风向频率图**:风向频率图应按 16 个方向绘出,风向频率特征应采用不同图线绘在一起,实线表示年风向频率,虚线表示夏季风向频率,点画线表示冬季风向频率,角表示建筑物坐标轴与指北针的方向夹角,如图 10-6 所示。

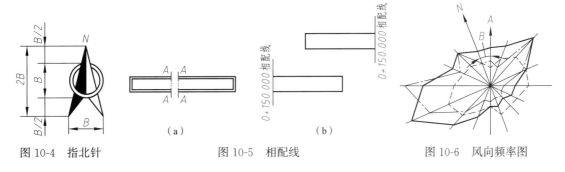

图 10-4　指北针　　　　　图 10-5　相配线　　　　　图 10-6　风向频率图

- **视图**:视图名称宜标注在图形的上方,并在视图名称下方绘一粗实线,其长度应超出视图名称长度前后各 3～5mm。
- **剖视图**:可以按照图 10-7 所示方法剖切后绘制。剖切位置线和剖视方向线组成一直角,应以粗实线绘制,剖切位置线的长度宜为 5～10mm,剖视方向线的长度为 4～6mm。剖切符号的编号宜采用阿拉伯数字或拉丁字母,按顺序由左至右、由下至上连续编号,并应注写在剖视方向线的端部。转折处可不标字母,如混淆应在转角外侧标字母。可按投影关系配置的剖视图互作剖切,如图 10-8 所示。
- **断面图**:剖切符号(见图 10-9)用剖切位置线表示,应以粗实线绘制,长度宜为 5～10mm,剖切符号的编号宜采用阿拉伯数字或拉丁字母按顺序连续编号表示,并应注写在剖切位置线的一侧;编号所在的一侧应为剖切后的投射方向。除与建筑制图相同的断面图画法(见图 10-10)外,水利相关的断面图有图 10-11 和图 10-12 等。

190 | AutoCAD 基础与应用教程

（a）一个剖切面　　（b）平行的剖切面　　（c）相交的剖切面　　（d）平行和相交的剖切面

图 10-7　剖视图种类

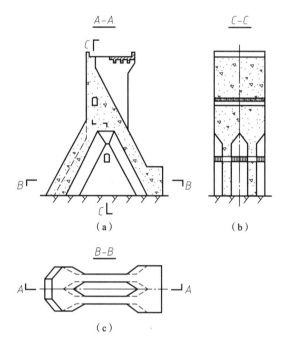

图 10-8　宽缝重力坝剖视图

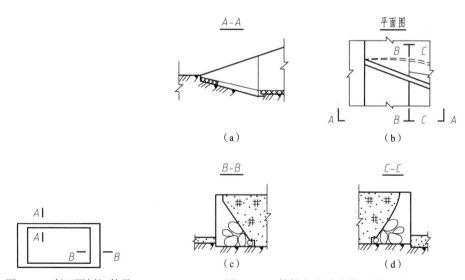

图 10-9　断面图剖切符号　　　　图 10-10　结构突变处的断面图画法

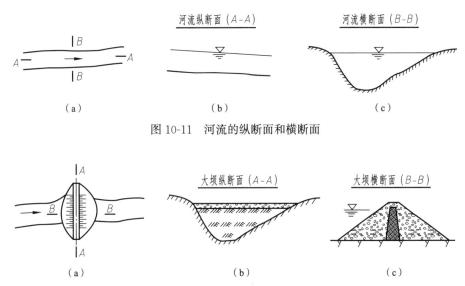

图 10-11 河流的纵断面和横断面

图 10-12 建筑物的纵断面和横断面

• 详图:详图的标注在被放大的部位用细实线圆弧圈出,用引线指明详图的编号,所另绘的详图用相同编号标注其图名并注写放大后的比例,如图 10-13 所示。

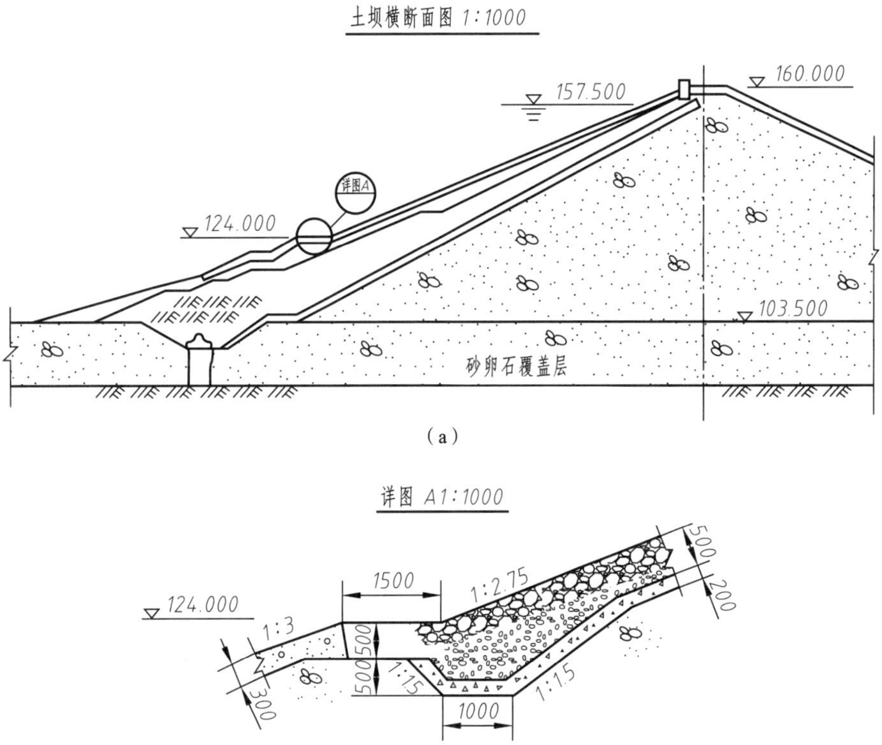

土坝横断面图 1:1000

（a）

详图 A1:1000

（b）

图 10-13　详图示例(单位:cm)

• 简化画法:对称图形可只画对称轴一侧或 1/4 的视图,并在对称轴上绘制对称符号。多个完全相同且连续排列的构造要素,可在图样两端或适当位置画出少数几个要素的完全形状,其余部分以中心线或中心线交点表示并标注相同要素的数量,如图 10-14 所示。

• 折断画法、分层画法、拆卸画法与建筑制图和机械制图相同。

• 合成画法:在同一视图中可同时采用展示、简化、分层或拆卸画法,如图 10-15 所示。

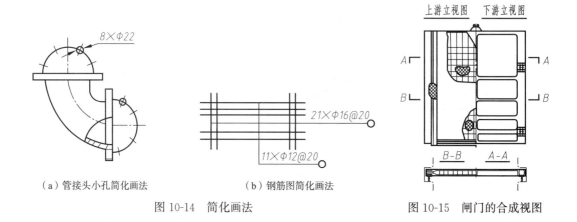

（a）管接头小孔简化画法　　　（b）钢筋图简化画法

图 10-14　简化画法　　　　　　　　图 10-15　闸门的合成视图

• 曲面画法:曲面视图可用曲面上的素线或截面法所得的截交线表达曲面,素线和截交线用细实线绘制。对于柱面,可用平行柱轴线由密到疏或由疏到密的直素线表示,如图 10-16 所示。对于锥面,反映锥面轴线实长的视图可用若干条由密到疏或由疏到密的直素线表示;反映锥底圆弧实形的视图可用若干条均匀的放射状直素线表示,或用若干条示坡线表示,如图 10-17 所示。由方形或矩形变质圆形或由圆形变质方形或矩形的方圆渐变段,可用素线法或截面素线法表示,图 10-18 所示为素线法表示方圆渐变段。斜平面渐变段和扭曲面构成的渐变段可用直素线表示。图 10-19 所示为扭平面渐变段,图 10-20 所示为扭锥面渐变段,图 10-21 所示为扭柱面渐变段。

• 标高图:等高线用细实线绘制,计曲线用中粗实线绘制,高程数字的字头朝高程增加的方向注写,如图 10-22 所示。填筑坡面的平面图和立面图中,应沿填筑坡面顶部的等高用示坡线表示坡面倾斜的方向,如图 10-23 所示。

• 轴测图:常用水平斜等测。断面轮廓用粗实线绘制,不可见部分可不绘出。绘制止水片等薄片构件的轴测图,宜采用虚线画出其不可见部分,如图 10-24 所示。单线绘制管路系统的轴测图宜为等轴测。

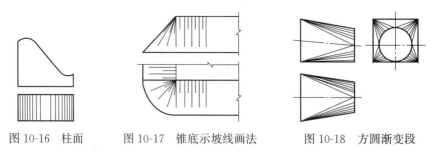

图 10-16　柱面　　　　图 10-17　锥底示坡线画法　　　图 10-18　方圆渐变段

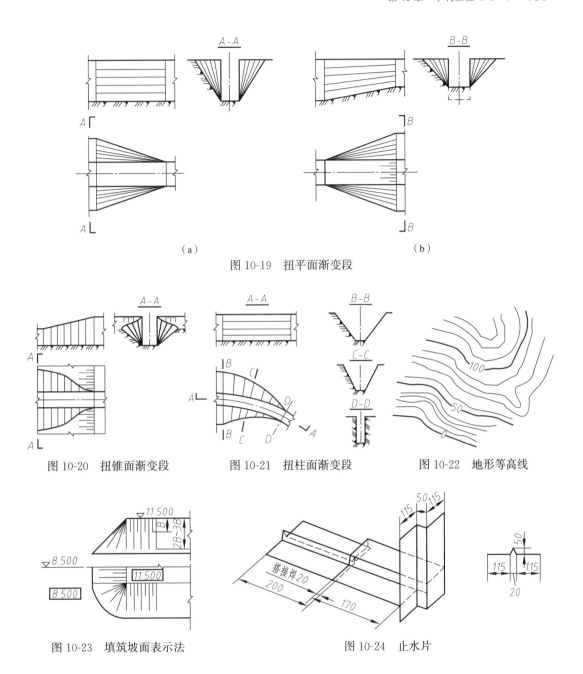

图 10-19　扭平面渐变段

图 10-20　扭锥面渐变段　　　图 10-21　扭柱面渐变段　　　图 10-22　地形等高线

图 10-23　填筑坡面表示法　　　　图 10-24　止水片

- 图样注法：

标高、桩号以米为单位,结构尺寸以毫米为单位,采用其他尺寸单位应在图纸中加以说明。

尺寸四要素为尺寸线、尺寸界线、尺寸起止符号和尺寸数字,与机械制图相同,即以箭头作为尺寸起止符号。

可用箭头表示坡度,箭头指向下坡方向,在箭头附近用"$i=\cdots$"的小数或百分数标注;也可以用三角形表示坡度,如图 10-25 所示。较缓坡度可用百分数、千分数或小数,如 5％;较大坡度可直接注出度数,如 60°。

立视图和铅垂方向的剖视图标高用图 10-26(a)表示，平面图标高用图 10-26(b)表示。

桩号标注形式是 Km+m，km 是公里数，m 是米数；起点桩号为 0±00.000，顺水流向，起点上游为负，下游为正；横水流向，起点左侧为负，右侧为正。平面轴线为曲线的，桩号应沿径向设置，桩号数字应按弧长计算。

方位角的标注形式可采用 NE、NW、SE、SW 字母后注写角度，或 NXX°E 等。

用坐标形式列表标注的尺寸如图 10-27 所示。

管径注法如图 10-28 所示。煤气输送钢管(镀锌或非镀锌—)、铸铁管等管材，管径宜采用公称直径 DN 标注；无缝钢管、焊接钢管(直缝或螺旋缝)等管材，管径宜采用“外径 X 壁厚”标注；铜管、薄壁不锈钢管材等管径宜采用工程外径 Dw 表示；建筑给水排水塑料管(或混凝土管)管径宜采用内径 *d* 标注。

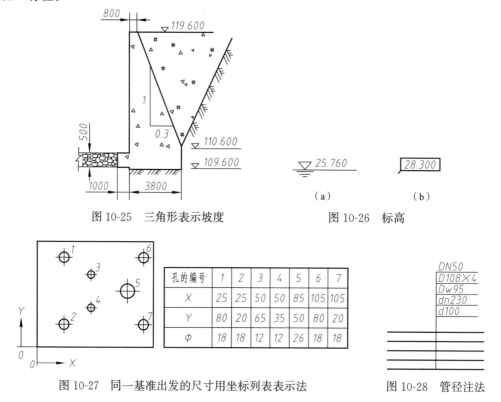

图 10-25　三角形表示坡度

(a)　(b)

图 10-26　标高

孔的编号	1	2	3	4	5	6	7
X	25	25	50	50	85	105	105
Y	80	20	65	35	50	80	20
Φ	18	18	12	12	26	18	18

图 10-27　同一基准出发的尺寸用坐标列表表示法

图 10-28　管径注法

(4)图纸字号表

表 10-1 所示为图纸字号表。

表 10-1　图纸字号表

字号	字高/mm	字宽/mm	图幅				
			A0	A1	A2	A3	A4
20	20	14	总标题				
14	14	10		总标题			
10	10	7	小标题		总标题		
7	7	5		小标题		总标题	

续表

字号	字高/ mm	字宽/ mm	图　　幅				
			A0	A1	A2	A3	A4
5	5	3.5	说明	说明	小标题	小标题	标题
3.5	3.5	2.5	数字、尺寸	数字、尺寸	说明	说明	
2.5	2.5	1.8			数字、尺寸	数字、尺寸	数字、尺寸、说明

注：当 A0、A1 图幅中的线条或文字、数字很密集时，其字号组合也可按 A2 图幅的规定执行

（5）复制图纸的折叠方法

复制图纸的折叠应将图面折向外方，使图标露在外面，图纸可折叠成 A4 幅面的大小，装订的图纸也可折叠成 A3 幅面的大小。A0 折叠成 A4 的方法如图 10-29 所示。

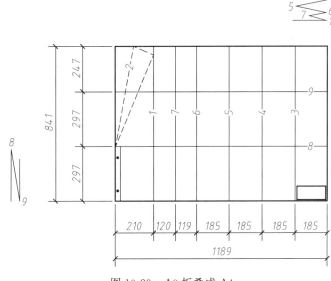

图 10-29　A0 折叠成 A4

2. 水工建筑图

（1）一般规定

钢筋符号见表 10-2。

表 10-2　钢筋符号

符　　号	普通钢筋种类	符　　号	预应力钢筋种类
φ——	HPB235 热轧钢筋		钢绞线
Φ——	HRB335 热轧钢筋	φS——	光圆钢丝
Φ——	HRB400 热轧钢筋	φP——	螺旋肋钢丝
ΦR——	RRB400 热轧钢筋	φH——	刻痕钢丝
		φI——	
		φHG——	螺旋槽钢棒
		φHR——	螺旋肋钢棒
		φPS——	螺纹钢筋

（2）水工建筑图

水利水电工程枢纽总布置图、防洪工程总布置图、河道堤防工程总布置图、引调水工程总布置图、灌溉工程总布置图等工程总布置图应包括工程特性表、控制点坐标表和必要的文字说明等内容。

水利水电工程枢纽总布置图应包括总平面图、上游或下游立（展）视图、典型剖视（断面）图。总平面图应包括地形等高线、测量坐标网、地质符号及其名称、河流名称和流向、指北针、各建筑物及其名称、建筑物轴线、沿轴线桩号、建筑物主要尺寸和高程、地基开挖开口线、对外交通及绘图比例或比例尺等。

水工结构图应准确表示结构的尺寸、材质和各部位的相对关系等，复杂细部应放大加绘详图。结构图应分别示出结构的平面和断面、混凝土强度等级分区或土石坝填筑分区、金属结构及机电一期预埋件等。建筑物的混凝土强度等级分区图，其分区线应用中粗线绘制，绘出相应的图例，标注混凝土有关的技术指标，并附有图例说明图例线用细实线绘制。土石坝断面图中筑坝材料的分区线应用中粗实线绘制，并注明分区材料名称。混凝土浇筑分层分块图中应标注各浇筑层和块的编号。护坡结构可用引出线分层注明材料及厚度。

结构缝、温度缝、防震缝等永久缝图，可在结构图或浇筑分块图中表达，并用粗实线绘制，在详图中还应注明缝间距、缝宽尺寸和用文字注明缝中填料的名称。施工临时缝可用中粗虚线表示。

钢筋图中钢筋用粗实线表示，钢筋的截面应用小黑圆点表示，钢筋采用编号进行分类，结构轮廓应用细实线表示。图 10-30 所示为钢筋图及其断面图。

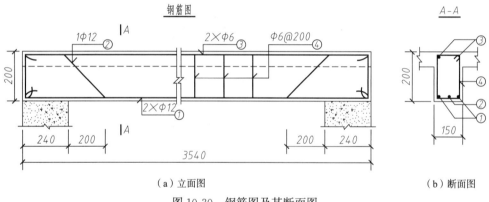

图 10-30　钢筋图及其断面图

钢筋图宜附有钢筋表和材料表，钢筋表见表 10-3。

表 10-3　钢筋表

编号	直径/mm	型　式	单根长/cm	根数	总长/m	备　注
①	φ12	$\overset{75}{}\quad 3500\quad \overset{75}{}$	365	2	7.30	
②	φ12	220　α　3740　α　220 / 75　230 / 230　75	479	1	4.79	$\alpha=135°$
③	φ6	3500 / 160 / 50　50 / 160	392	2	7.84	
④	φ6	160 / 110　110 / 160	64	18	11.52	

箍筋尺寸应为内皮尺寸,弯起钢筋的弯曲高度应为外皮尺寸,单根钢筋的长度应为钢筋中心线的长度,如图 10-31 所示。单根钢筋的标注形式如图 10-32 所示。

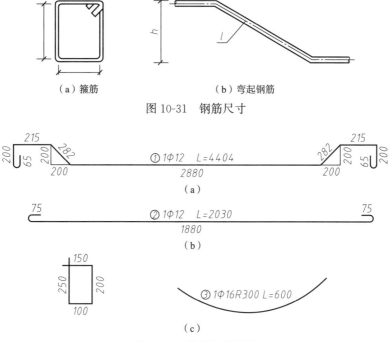

图 10-31　钢筋尺寸

图 10-32　单根钢筋标注

钢筋的局部剖如图 10-33 所示。平面图中的双层钢筋如图 10-34 所示,底层钢筋弯钩向上或向左弯折,顶层钢筋弯钩向下或向右弯折。立面图中的钢筋如图 10-35 所示,远面钢筋的弯折向上或向左,近面钢筋的弯折向下或向右。

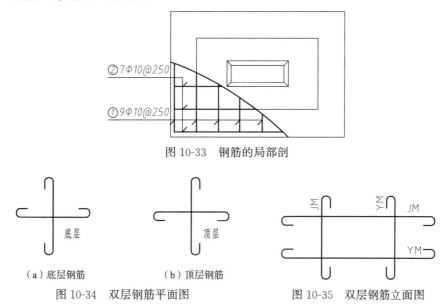

图 10-33　钢筋的局部剖

图 10-34　双层钢筋平面图　　　　图 10-35　双层钢筋立面图

10.3 水工建筑图的识读及 CAD 绘制

10.3.1 水闸

1. 水闸的基本概念

水闸是既能挡水又能泄水的水工建筑物,主要通过闸门启闭来控制水位和流量,以满足防洪、灌溉、排涝等需要。水闸按其所承担的任务分为进水闸、节制闸、泄水闸、排水闸、挡潮闸等。水闸按闸室结构形式分为开敞式水闸和涵洞式水闸。开敞式水闸的闸室上面没有填土。当引(泄)水流量较大、渠堤不高时,常采用开敞式水闸。涵洞式水闸主要建在渠堤较高、引水流量较小的渠堤之下,闸室后有洞身段,洞身上面填土。

水闸由闸室和上、下游连接段三部分组成,图 10-36 所示为水闸的示意图。

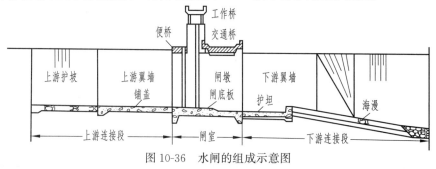

图 10-36　水闸的组成示意图

闸室是水闸的主体,起挡水和调节水流的作用,一般包括闸底板、闸墩、工作桥和交通桥等。

上游连接段由铺盖、上游护坡及上游翼墙组成。铺盖的作用主要是延长渗径长度以达到防渗目的,应该具有不透水性,同时兼有防冲功能。常用材料有黏土、沥青混凝土、钢筋混凝土等,以钢筋混凝土铺盖最常见。钢筋混凝土铺盖常用 C20 混凝土浇筑,厚度 0.4～0.6m,铺盖与底板接触的一端应适当加厚,并用沉降缝分开,缝内设止水。护底与护坡的作用是防止水流对渠(河)底及边坡的冲刷,长度一般为 3～5 倍堰顶水头。材料有干砌石、浆砌石或混凝土等。

下游连接段通常包括护坦(消力池)、海漫、下游翼墙与护坦等。护坦(消力池)承受高速水流的冲刷、水利脉动压力和底部扬压力的作用,因此要求护坦(消力池)应具有足够的重量、强度和抗冲耐磨能力,通常采用混凝土,也可采用浆砌石块。在护坦(消力池)后面应设置海漫与防冲槽,其作用是继续消除水流余能,调整流速分布,确保下游河床免受有害冲刷。海漫构造要求:表面粗糙,能够沿程消除余能;透水性好,以利渗流顺利排出;具有一定的柔性,能够适应河床变形。海漫材料一般采用浆砌或干砌石块。

浙江省水利工程施工图审查导则中规定,水闸工程的图纸审查部分包括:工程总体布置图、主接线图、电气设备布置总图;水闸平面布置图、纵横剖面图,闸室结构,上游护坦、下游消能工程结构图,上下游翼墙结构图,基础防渗、基础处理结构图(含闸堤连接段),闸门总装图、埋件总图,液压启闭室系统原理图,照明、防雷、接地、火灾自动报警布置图,二次原理接线图;主要部位结构详图、主要结构钢筋图、不易维护部位钢筋图,闸门结构配筋图,主要预埋件图,电缆布置图。

2. 闸室图样的 CAD 绘制

用 AutoCAD 绘制图 10-37 所示闸室结构图。

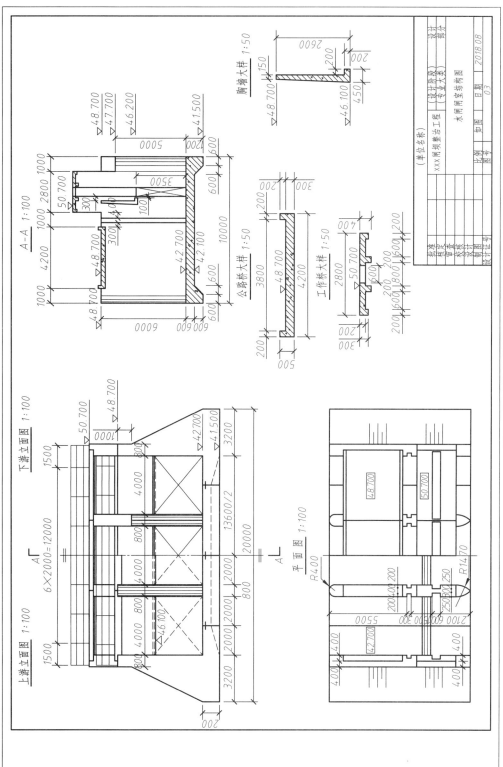

图 10-37 闸室结构图

(1)新建图层

由图 10-37 可知,该图样需要粗实线、细实线、点画线、虚线、文字尺寸等图层,可以按照图 10-38 所示图层名称、颜色、线型、线宽等进行图层设置。

图 10-38　图层设置

(2)绘制图框和标题栏

由图样的尺寸和比例可以推测出该图样所用的是 A2 图框,A2 尺寸为 597mm×420mm。执行矩形命令,分别在粗实线和细实线图层下绘制内外框。按照图 10-1 所示标题栏样式绘制标题栏。绘制完成图如图 10-39 所示。

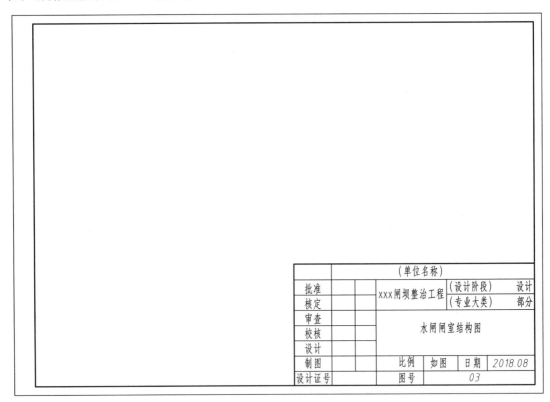

图 10-39　绘制 A2 图框和标题栏

(3)绘制三视图

可以按照 1:100 在图 10-39 中绘制三视图,也可以将 A3 图纸放大 100 倍,按照 1:1 绘制三视图,注意三等关系,未注明尺寸自定,如图 10-40 所示。

（4）标尺寸、图名

标注标高之前需要制作图块，标高图块可参考图 10-41 所示样式绘制。在尺寸图层下，用细实线绘制 45°等腰直角三角形，三角形的高度为标高数字的字高，标高数字的字高根据表 10-1 选取。由表 10-1 可知，A2 图纸中的尺寸数字为 2.5 号字。图形绘制完成后用 B 命令生成图块，用 ATT 命令将数字定义为图块的属性，生成标高属性块即可。

在尺寸图层下进行尺寸标注，注意尺寸排列需整齐，有多道尺寸时，小尺寸在内，大尺寸在外，每道尺寸线间隔 7.5mm 以上的距离。

用文本注写图名比例，注意比例的字高比图名小一号。尺寸标注完成后如图 10-42 所示。

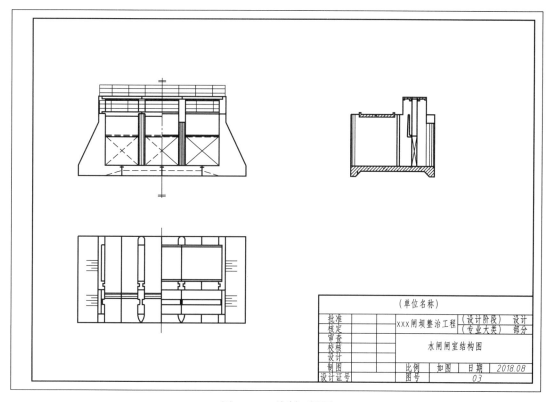

图 10-40　绘制三视图

▽　48.700
图 10-41　标高符号

（5）绘制详图

公路桥大样图、工作桥大样图、胸墙大样图的比例是 1∶50，可以按照 1∶1 绘制，用比例缩放命令放大至 2 倍，标注尺寸时新建标注样式，将测量比例因子改为 0.5，如果按照三视图的尺寸样式标注，会导致尺寸错误。

大样图绘制完成后，调整 6 个图之间的布局，完成后见图 10-37。

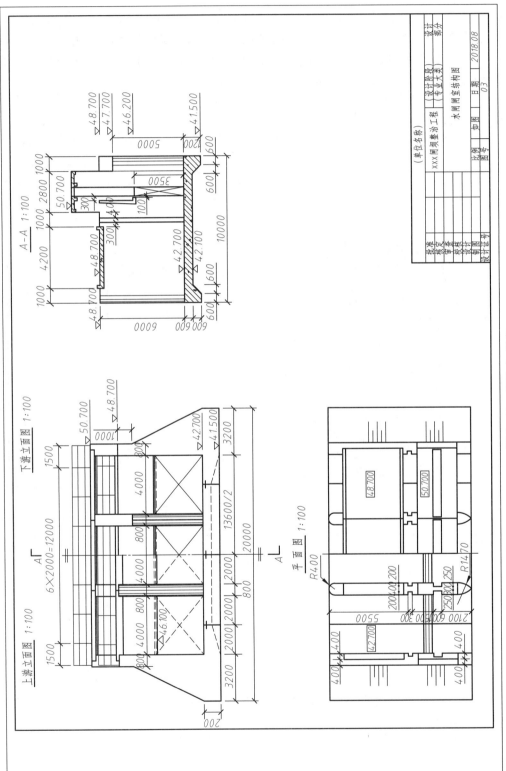

图 10-42　标尺寸、图名

习　题

1. 按照尺寸 1∶1 绘制平面图形(见图 10-43),查询出 B 区面积。

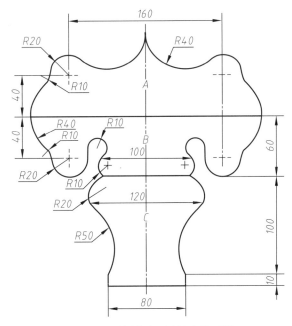

图 10-43　绘制平面图并查询面积

2. 绘制土坝最大断面图(见图 10-44)(护坡为浆砌块石,本图不考虑),查询出 A 区面积。

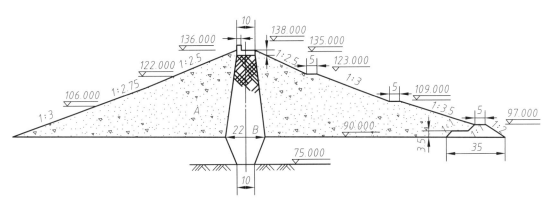

图 10-44　土坝最大断面图

3. 根据已知方圆渐变段,补出 A-A 断面图并查询面积,断面剖切位置如图 10-45 所示。

4. 绘制图 10-46 所示溢流坝,A0 幅面(1189mm×841mm)。

5. 绘制图 10-47 所示水闸段,A3 幅面(420mm×297mm)。

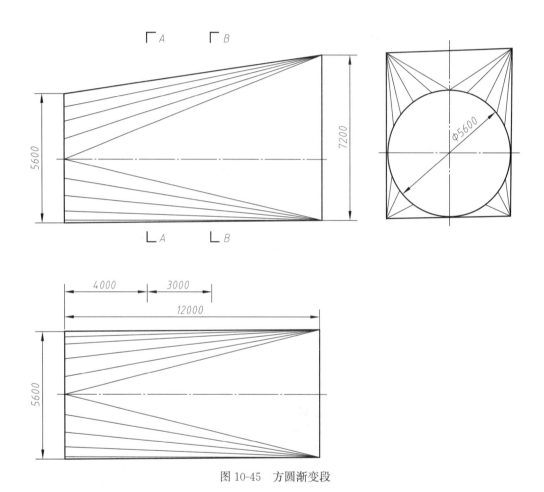

图 10-45 方圆渐变段

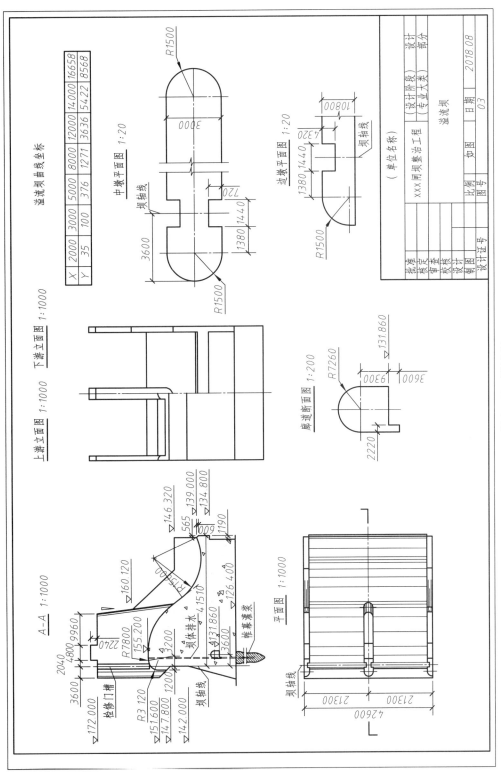

图 10-46 溢流坝

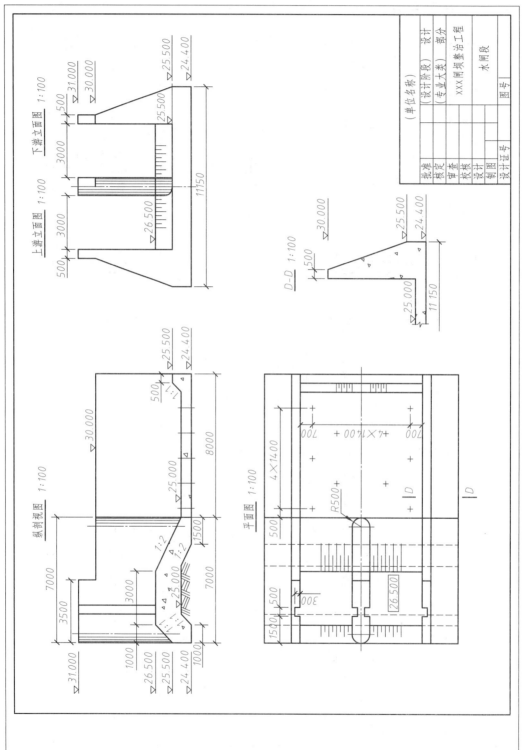

图 10-47 水闸段

第 11 章　道桥工程 CAD

　　AutoCAD 软件可用来绘制各种道桥工程建筑物的工程图样,如各种桥梁、隧道、道路路基等。绘制道桥工程图时,需要按照相关国家标准对 AutoCAD 软件的绘图环境进行设置,绘图时需要通过合理的视图准确表达道桥工程,尺寸标注等应符合相应的国家标准和规范。

视频 •······

道桥工程
CAD 与竞赛

11.1　道桥工程 CAD 与竞赛

1. 第十五届"高教杯"道桥类大纲

第十五届"高教杯"全国大学生先进成图技术与产品信息建模创新大赛
——道桥类竞赛大纲

　　一、竞赛目的

　　为适应"新工科"发展要求,对标《工程教育认证标准》和《普通高等学校本科专业类教学质量国家标准》对毕业学生的要求,培养具有分析和解决复杂工程问题能力的创新人才,促进"工程图学"课程的教学方式从以"教"为中心向以"学"为中心的转变,进而提升课程目标达成度,为学生提供发现自我、展现自我并超越自我的舞台,特制定本竞赛大纲。

　　二、竞赛形式及评阅要求

　　(1)本次大赛采用线上竞赛形式,各参赛队按照线上竞赛的具体要求,组织队员有序参赛。

　　(2)为适应现代信息技术的发展,提高试卷评阅效率,本次竞赛将采取计算机自动阅卷、人工干预纠错的方式进行阅卷,从而减少因人为因素造成的不公平现象。

　　三、基本知识与技能要求

　　(1)掌握投影理论和制图基本知识。

　　(2)掌握形体的各种表达方法(如基本投影、辅助投影、剖面图、断面图等)。

　　(3)掌握桥涵、隧道等结构制图的相关规定(如图幅、比例、字体、图线等)。

　　(4)掌握道路、桥梁、隧道、涵洞等结构施工图的识读与绘制方法,并具有利用尺规正确绘制道桥类专业工程图的能力。

　　(5)熟练掌握 1～2 种常用计算机绘图软件,具备应用计算机软件对道桥类专业结构进行二维工程图绘制及三维建模并对其进行材质添加、渲染等后处理的能力。

　　(6)为配合计算机自动阅卷,本次竞赛取消尺规绘图部分内容,采用计算机二维绘图代替尺规绘图方式来完成工程图的绘制。

　　四、竞赛内容及评分标准

　　1. 道桥类专业图学基本知识测试(时间:30 分钟)

　　主要考查学生对道桥类专业图学基础理论知识的掌握程度。

　　根据给定的图纸(题目)回答问题,题型为选择题。其中分为单选题(4 选 1)和多选题两种形式,多选题只有全部答对才得分。

　　题量 50 道题。

　　采取线上答题,系统自动评分的方式评阅。

　　2. 计算机二维绘图(时间:90 分钟)

　　(1)内容:使用绘图软件绘制道桥类专业结构图(包括平、立、剖、断面视图等)。

　　(2)规格:A3 图幅。

　　(3)分值及比重:

图形	图线	尺寸标注	字体	布图	比例	美观
45	15	15	10	5	5	5

以上分值及比重仅作为参考,具体以最终试卷评分标准为准。

　　3. 计算机三维绘图(时间:120 分钟)

（1）内容：根据给出的图纸内容，利用相关建模软件，完成道桥类专业结构物三维模型的创建；完成三维模型的材质添加、渲染等后期处理，输出指定效果图。

（2）分值及比重：

结构三维建模	结构材质处理及环境设置	渲染等后期效果处理及整体效果图输出
80	10	10

以上分值及比重仅作为参考，具体以最终试卷评分标准为准。

4. 软件要求

AutoCAD、SketchUp、中望、天正、Revit 和 3ds Max 等常用计算机二维绘图及三维建模软件，具体版本自定。

五、基本要求

1. 计算机二维绘图

根据所给道桥类专业结构施工图，绘制指定的平、立、剖、断面视图。要求：

（1）图纸幅面、比例、图线及相关画法符合道桥专业国家制图标准。

（2）所绘制图形满足投影关系，图面布置均衡、匀称。

（3）文字书写工整，汉字、数字和字母笔画清晰、字体端正、排列整齐。

（4）尺寸标注齐全、正确、清晰、合理。

（5）图面整洁、美观，图线粗细分明、有层次感，图形完整、清晰。

2. 三维建模

（1）识读题目所给专业图纸所表示的结构物构造。

（2）使用相关建模软件，正确建立结构的三维模型。

（3）能够为结构赋予材质、完成渲染并进行后期效果处理。

六、道桥类竞赛试题指导

1. 试题要求

（1）试题分为三大类，第一类为"道桥类专业图学基本知识测试"，为线上答题，系统自动评分，不另发试卷。

（2）第二类为计算机二维绘图，图幅为 A3。计算机二维绘图分值分配中图示表达的完整性与正确性、图线绘制与标注的完整性与规范性、卷面的整洁美观是评判主要因素。

（3）第三类为计算机三维建模。考生先建立一个以考生考号命名的新文件夹，将计算机三维建模的作图结果及各相关输出效果图保存在该文件夹中。

（4）计算机三维建模分值分配中结构模型的完整性与正确性、规范性、三维环境与整体效果是评判主要因素；试题图纸中未标注的细部尺寸根据专业要求自定。

2. 有关说明

（1）竞赛试卷包括计算机二维绘图试卷、计算机三维建模试卷。

（2）竞赛所使用软件应为竞赛规定的软件，不得使用竞赛未列出的软件。

全国大学生先进成图技术与产品信息建模创新大赛组委会

2022 年 3 月

11.2　道桥工程图概述

视频

道桥工程图概述

11.2.1　道路

　　道路是指公路、城市道路和虽在单位管辖范围但允许社会机动车通行的地方，包括广场、公共停车场等用于公众通行的场所，是供各种无轨车辆和行人通行的基础设施。按其使用特点分为公路、城市道路、乡村道路、厂矿道路、林业道路、考试道路、竞赛道路、汽车试验道路、车间通道以及学校道路等。

1. 城市道路的分类

　　城市道路由路基、路面、人行道等组成。路面上有路灯、标线、路边标牌、中间分割带、护栏、排水设施、防眩设施等。城市道路横断面示意图如图 11-1 所示，示例如图 11-2 所示。

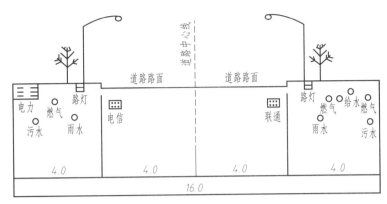

图 11-1　道路横断面示意图

图 11-2　道路示例

　　按照功能：城市道路可划分为快速路、主干路、次干路和支路。按照等级：可划分为一级道路、二级道路、三级道路和四级道路。按照平面布置：可划分为单幅路、双幅路、三幅路和四幅路。按照路面结构层次：可划分为面层、基层、垫层、路缘石、路肩、路拱横坡等。

　　2. 沥青混凝土路面结构图

　　图 11-3 所示为某公路某合同段的沥青混凝土路面结构图，由说明可知，图中的单位是 cm，本图适用的路段是除桩号 K31＋675～K31＋775 之外的 K22＋700～K35＋824 路段。图中给出表示沥青混凝土、水泥混凝土、沥青碎石等的图例符号。

　　由沥青混凝土路面横断面图可知，该路面的坡度是 2%，两侧护坡是 1∶1.5。由中央分隔带及路面结构图可知，中央分隔带底部填充的材料是石灰处治泥质岩、沥青碎石、C10 水泥混凝土和 C20 水泥混凝土路缘平石与侧石；由缘石大样图可知侧石和平石的尺寸。

11.2.2　桥梁的组成

　　桥梁，一般指架设在江河湖海上，使车辆行人等能顺利通行的构筑物。桥梁是道路的组成部分。为适应现代高速发展的交通行业，桥梁亦引申为跨越山涧、不良地质或满足其他交通需要而架设的使通行更加便捷的建筑物。

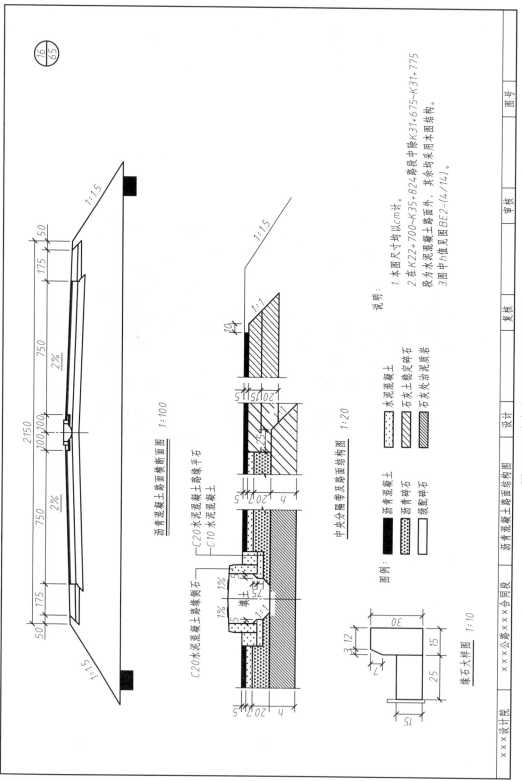

图 11-3　道路路面结构图与大样图

桥梁一般由五大部件和五小部件组成。五大部件是指桥梁承受汽车或其他车辆运输荷载的桥跨上部结构与下部结构,是桥梁结构安全的保证。包括:

(1)桥跨结构,又称桥孔结构或上部结构,是跨越障碍的主要结构。

(2)桥梁支座系统,支座为桥跨结构与桥墩或桥台的支承处所设置的传力装置。

(3)桥墩、桥台,属于桥梁下部结构。

(4)承台,属于桥梁下部结构。

(5)挖井或桩基,属于桥梁下部结构。

五小部件是指直接与桥梁服务功能有关的部件,又称桥面构造。包括:

(1)桥面铺装。

(2)防排水系统。

(3)栏杆。

(4)伸缩缝。

(5)灯光照明。

大型桥梁附属结构有桥头搭板、锥形护坡、护岸、导流工程等。

11.2.3 桥梁的类别

1. 结构分类

桥梁按照承重构件受力情况可分为:梁桥、板桥、拱桥、钢结构桥、吊桥、组合体系桥(斜拉桥、悬索桥)。

2. 长度分类

(1)按多孔跨径总长分:特大桥(跨径总长 $L>1000$m);大桥(100m$\leqslant L \leqslant 1000$m);中桥($30m< L<100$m);小桥($8m\leqslant L \leqslant 30$m)。

(2)按单孔跨径分:特大桥(单孔跨径 $L_k>150$m);大桥(40m$<L_k \leqslant 150$m);中桥(20m$\leqslant L_k \leqslant 40$m);小桥($5m\leqslant L_k<20$m)。

3. 其他分类

按用途分为:公路桥、公铁两用桥、人行桥、舟桥、机耕桥、过水桥。

按跨径大小和多跨总长分为:小桥、中桥、大桥、特大桥。

按行车道位置分为:上承式桥、中承式桥、下承式桥。

按使用年限可分为:永久性桥、半永久性桥、临时桥。

按材料类型分为:木桥、圬工桥、钢筋砼桥、预应力桥、钢桥。

11.2.4 部分桥梁示意图及示例

1. 梁桥

梁桥是以受弯为主的主梁作为承重构件的桥梁。主梁可以是实腹梁或桁架梁。实腹梁构造简单,制造、架设和维修均较方便,广泛用于中、小跨度桥梁。桁架梁的杆件承受轴向力,材料能充分利用,自重较轻,跨越能力大,多用于建造大跨度桥梁。按照主梁的静力体系,分为简支梁桥、连续梁桥和悬臂梁桥。图 11-4 所示为梁桥的基本组成示意图,图 11-5 所示为钢桁桥结构组成,图 11-6 所示为钢桁梁桥示例。

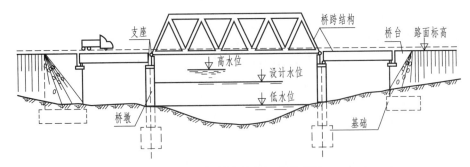

图 11-4　梁桥的基本组成示意图

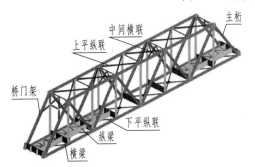

图 11-5　钢桁梁桥结构组成

图 11-6　钢桁梁桥示例

2. 拱桥

　　拱桥指的是在竖直平面内以拱作为主要承重构件的桥梁。垂直荷载通过弯拱传递给拱台,其最早并非用于园林造景,而是在工程中满足泄洪及桥下通航的目的。在形成和发展过程中,其桥身都是曲的,所以古时常称之为曲桥。图 11-7 所示为拱桥的基本组成示意图。

　　拱桥按拱圈(肋)结构的材料分为:有石拱桥、钢拱桥、混凝土拱桥、钢筋混凝土拱桥。按拱圈(肋)的静力图式分为:有无铰拱、双铰拱、三铰拱,前两者属超静定结构,后者为静定结构。图 11-8～图 11-10 所示为几种拱桥的示例。

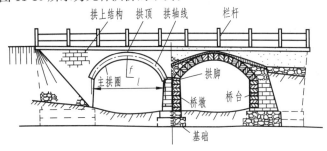

图 11-7　拱桥的基本组成示意图

图 11-8　单孔拱桥

3. 悬索桥

　　悬索桥是以承受拉力的缆索或链索作为主要承重构件的桥梁,由悬索、索塔、锚碇、吊杆、桥面系等部分组成,如图 11-11 所示。悬索桥的主要承重构件是悬索,它主要承受拉力,一般用抗拉强度高的钢材(钢丝、钢缆等)制作。由于悬索桥可以充分利用材料的强度,并具有用料省、自重轻的特点,因此悬索桥在各种体系桥梁中的跨越能力最大,跨径可以达到1000m 以上。图 11-11 所示为悬索桥示例。

图 11-9 多孔拱桥

图 11-10 提篮形拱桥

图 11-11 悬索桥

4. 斜拉桥

斜拉桥又称斜张桥,是将主梁用许多拉索直接拉在桥塔上的一种桥梁,是由承压的塔、受拉的索和承弯的梁体组合起来的一种结构体系。其可看作是拉索代替支墩的多跨弹性支承连续梁。斜拉桥主要由索塔、主梁、斜拉索组成。索塔类型有 A 型、倒 Y 型、H 型、独柱,材料有钢和混凝土的。斜拉索布置有单索面、平行双索面、斜索面等。图 11-12 所示为斜拉桥示意图。图 11-13 所示为斜拉桥示例。

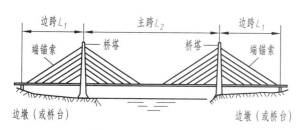

图 11-12 斜拉桥示意图

图 11-13 斜拉桥

11.3 道桥工程图举例

11.3.1 桥梁墩台

桥梁墩台是桥墩和桥台的合称,是支承桥梁上部结构的结构物,它与基础统称为桥梁下部结构,主要作用是承受上部结构传来的荷载,并将它及本身自重传给地基。

视频 •·······

道桥工程图
举例

1. 桥台

桥台位于桥梁两端,支承桥梁上部结构并和路堤相衔接的建筑物。其功能除传递桥梁上部结构的荷载到基础外,还具有抵挡台后的填土压力、稳定桥头路基、使桥头线路和桥上线路可靠而平稳地连接的作用。桥台一般是石砌或素混凝土结构,轻型桥台则采用钢筋混凝土结构。在岸边或桥孔尽端介于桥梁与路堤连接处的支撑结构物,起着支撑上部结构和连接两岸道路同时还要挡住桥台背后填土的作用。桥台具有多种形式,主要分为重力式桥台、轻型桥台、框架式桥台、组合式桥台、承拉桥台等。

桥台的分类:

(1)重力式桥台。常用的类型有 U 形桥台、埋置式桥台、八字式和一字式桥台等。

(2)埋置式桥台。桥台台身埋置于台前溜坡内,不需要另设翼墙,仅由台帽两端的耳墙与路堤衔接。

(3)轻型桥台。常用的类型有悬臂式、扶壁式、撑墙式及箱式等。

(4)框架式桥台。一般为双柱式桥台,当桥较宽时,为减少台帽跨度,可采用多柱式,或直接在桩上面建造台帽。框架式桥台均采用埋置式,台前设置溜坡。为满足桥台与路堤的连接,在台帽上部设置耳墙,必要时在台帽前方两侧设置挡板。

2. 桥墩

桥墩一般是指多跨桥梁中的中间支承结构物。它除承受上部结构产生竖向力、水平力和弯矩外,还承受风力、流水压力及可能发生的地震作用、冰压力、船只和漂流物的撞击力。

桥梁上基本的墩台类型可分为重力式墩台和轻型墩台两种。构造有实体墩、空心墩、柱式墩、框架墩等;截面形式有矩形、圆形、圆端形、尖端形等。图 11-14 所示为各种轻型桥墩。

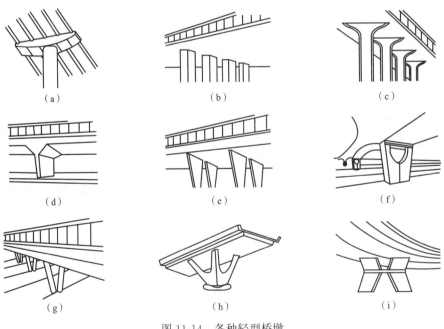

图 11-14 各种轻型桥墩

柱式桥墩是目前公路桥梁中广泛采用的桥墩类型,由承台、柱式墩身和盖梁三部分组成,具有线条简捷、明快、美观,既节省材料数量又施工方便的特点,特别适用于宽度较大的城市桥梁和立交桥。常用的柱式桥墩的类型有单柱式、双柱式、哑铃式及混合双柱式 4 种。

图 11-15 所示为 U 形桥台与桥墩结构图。

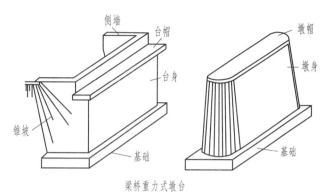

梁桥重力式墩台

图 11-15　U 形桥台与桥墩结构图

图 11-16 所示为 U 形桥台一般构造图，"纵剖面图"是指沿着桥台对称轴线方向剖切得到的正面投影，"台前－台后"指左侧半面和右侧半面投影组合而成的侧面投影。

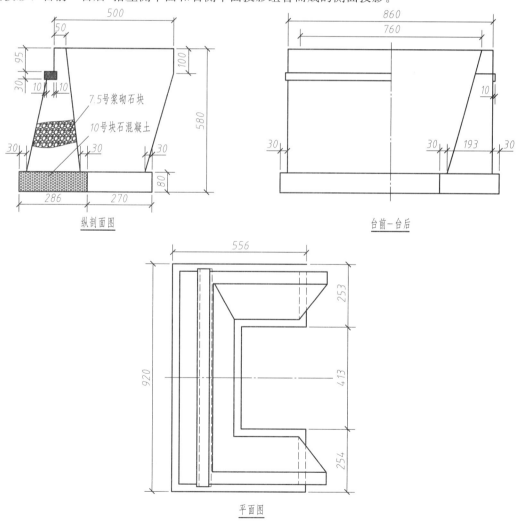

图 11-16　U 型桥台一般构造图

　　某桥梁剖面图如图 11-17 所示。该桥梁由桩基、垫层、承台、墩柱、帽盖组成。图中 C20、C30 和 C40 是混凝土的强度等级。混凝土，简称为"砼（tóng）"，是指由胶凝材料将集料胶结成整体的工程复合材料的统称。混凝土硬化后最重要的力学性能是指混凝土抵抗压、拉、弯、剪等应力的能力。混凝土按标准抗压强度（以边长为 150mm 的立方体为标准试件，在标准养护条件下养护 28 天，按照标准试验方法测得的具有 95％保证率的立方体抗压强度）划分的强度等级，称为标号，分为 C10、C15、C20、C25、C30、C35、C40、C45、C50、C55、C60、C65、C70、C75、C80、C85、C90、C95、C100 共 19 个等级。

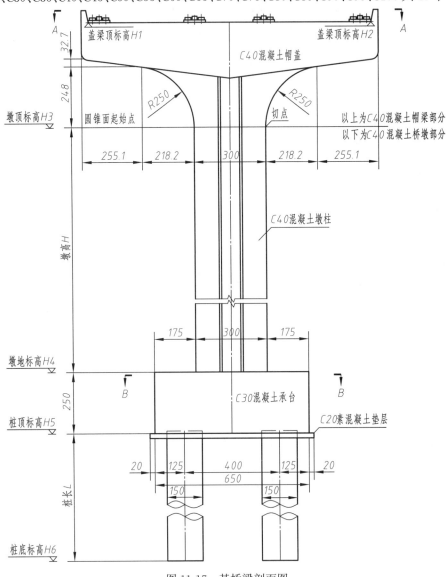

图 11-17　某桥梁剖面图

11.3.2　桥涵

1. 涵洞概述

涵洞是公路或铁路与沟渠相交的地方使水从路下流过的通道，作用与桥相同，但一般孔径较小,形状有管形、箱形及拱形等。

涵洞主要由洞身、基础、端和翼墙等组成。洞身形成过水孔道的主体,通常由承重结构(如拱圈、盖板等)、涵台、基础以及防水层、伸缩缝等部分组成。钢筋混凝土箱涵及圆管涵为封闭结构,涵台、盖板、基础联成整体,其涵身断面由箱节或管节组成,为了便于排水,涵洞涵身还应有适当的纵坡,其最小坡度为 0.3%。洞口是洞身、路基、河道三者的连接构造物。洞口建筑由进水口、出水口和沟床加固三部分组成。洞口的作用:一方面使涵洞与河道顺接,使水流进出顺畅;另一方面确保路基边坡稳定,使之免受水流冲刷。沟床加固包括进出口调治构造物、减冲防冲设施等。

涵洞根据不同的标准,可以分为很多种类型:

(1)按建筑材料可分为砖涵、石涵、混凝土涵、钢筋混凝土涵。

(2)按照构造形式,涵洞可分为圆管涵、拱涵、盖板涵、箱涵。

· 圆管涵:农村公路路基排水中最常用的涵洞结构类型,它不仅力学性能好,而且构造简单、施工方便、工期短、造价低。圆管涵中最常见的是钢筋混凝土圆管涵。圆管涵由洞身及洞口两部分组成:洞身是过水孔道的主体,主要由管身、基础、接缝组成;洞口是洞身、路基和水流三者的连接部位,主要有八字墙和一字墙两种洞口形式。

圆管涵的管身通常由钢筋混凝土构成,管径一般有 0.5m、0.75m、1m、1.25m 和 1.5m 等 5 种。

· 拱涵:涵洞、通道中的一种,用于水或人以及小型机车由道路下面穿越,采用拱形顶板。拱涵分为石拱涵、钢筋混凝土拱涵等,主要由涵身和洞口构成。拱涵涵身主要由拱圈、护拱、侧墙、涵台、基础和伸缩缝等构成;拱涵常用的洞口形式为八字墙或一字墙。图 11-18 所示为某种拱涵涵洞结构。

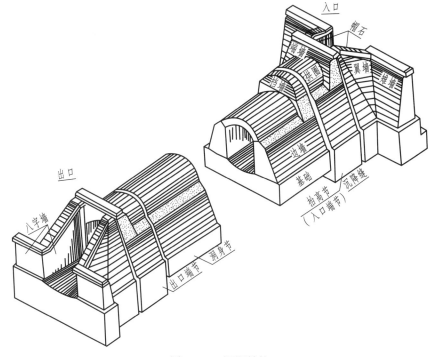

图 11-18　涵洞结构

· 盖板涵:指洞身由盖板、台帽、涵台、基础和伸缩缝等组成的建筑。其填土高度为 1～8m,甚至可达 12m,施工技术较简单,排洪能力较强。图 11-19 所示为钢筋混凝土盖板涵总布置图。

第13届“高教杯”全国大学生先进成图技术与产品信息建模创新大赛道桥类尺规绘图试题答案

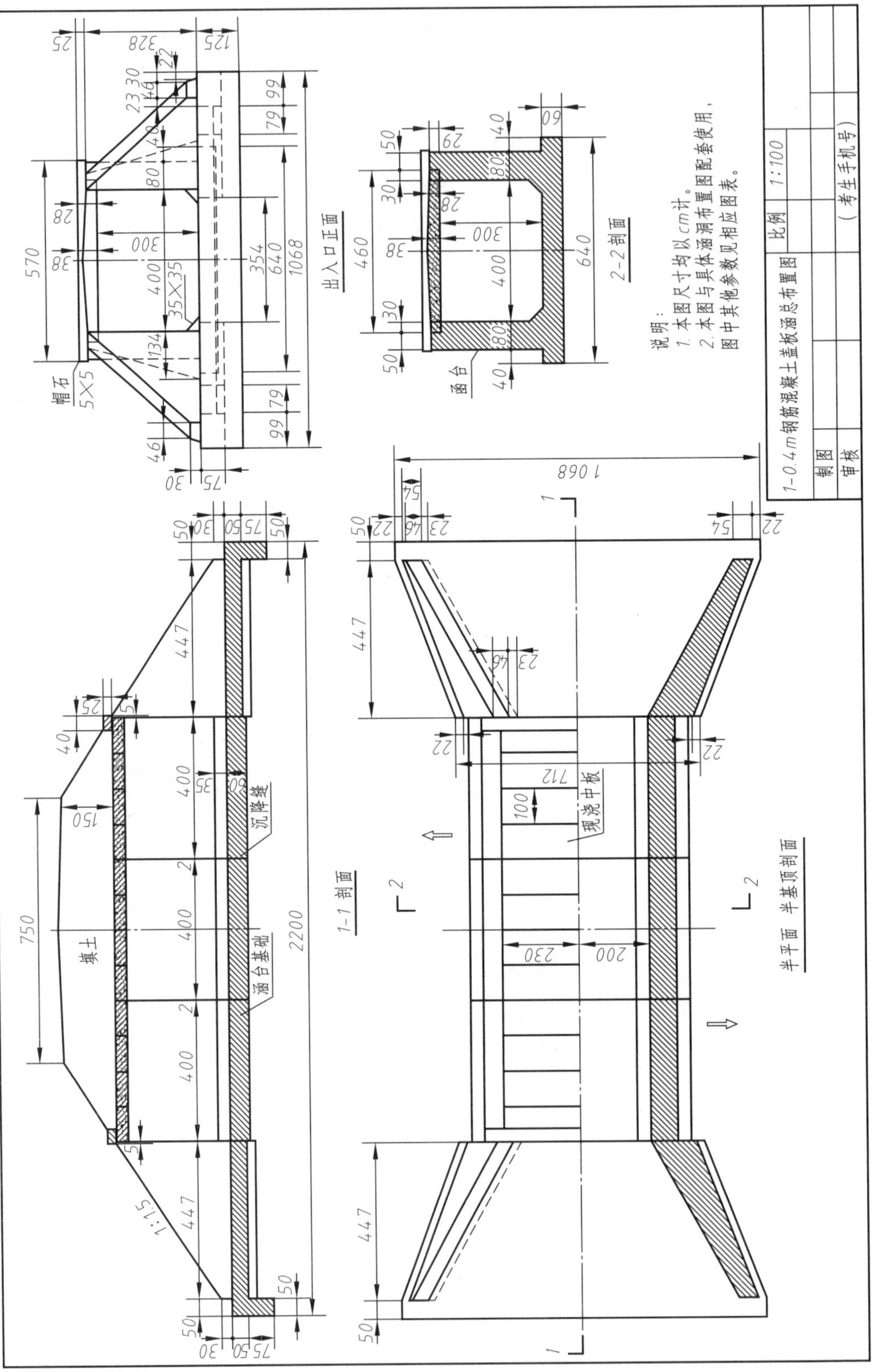
1-1 剖面
半平面 半基顶剖面
出入口正面
2-2 剖面
帽石
5×5
填土
涵台基础
沉降缝
现浇中板
涵台
说明：
1. 本图尺寸均以cm计。
2. 本图与具体涵洞布置图配套使用，图中其他参数见相应图表。
1-0.4m钢筋混凝土盖板涵总布置图
比例 1:100
制图
审核
（考生手机号）

图 11-19 钢筋混凝土盖板涵总布置图

• 箱涵：指的是洞身以钢筋混凝土箱形管节修建的涵洞。箱涵由一个或多个方形或矩形断面组成，一般由钢筋混凝土或圬工制成，但钢筋混凝土应用较广，当跨径小于 4m 时，采用箱涵。对于管涵，钢筋混凝土箱涵是一个便宜的替代品，墩台、上下板全部浇筑。

（3）按照填土情况不同分类，涵洞可以分为明涵和暗涵。明涵是指洞顶无填土，适用于低路堤及浅沟渠。暗涵洞顶有填土，且最小的填土厚度应大于 50cm，适用于高路堤及深沟渠。

（4）按水利性能分类，涵洞可分为无压力式涵洞、半压力式涵洞、压力式涵洞。无压力涵洞指的是入口处水流的水位低于洞口上缘，洞身全长范围内水面不接触洞顶的涵洞。半压力式涵洞指的是入口处水流的水位高于洞口上缘，部分洞顶承受水头压力的涵洞。压力式涵洞进出口被水淹没，涵洞全长范围内以全部断面泄水。

习　题

1. 用 AutoCAD 软件绘制图 11-20 所示某小桥护坡设计图，A3 图幅，已注尺寸按照 1∶10 绘制，未注尺寸自定，输出 PDF 文件。

2. 用 AutoCAD 软件绘制图 11-21 所示某大桥主墩一般构造图，A1 图幅，比例自定，输出 PDF 文件。

3. 用 AutoCAD 软件绘制图 11-22 所示某桥台构造图，A1 图幅，比例自定，输出 PDF 文件。

4. 用 AutoCAD 软件绘制图 11-23 所示装配式预应力混凝土箱形连续梁桥上部构造一典型横断面图，A3 图幅，输出 PDF 文件。

5. 用 AutoCAD 软件绘制图 11-24 所示斜腿钢构一般构造图，A3 图幅，输出 PDF 文件。

6. 根据图 11-25 图中的题目要求完成第八届高教杯道桥类二维试题。

7. 用 AutoCAD 或者天正结构软件绘制图 11-26 所示某道观小桥台帽设计图，A3 图幅。

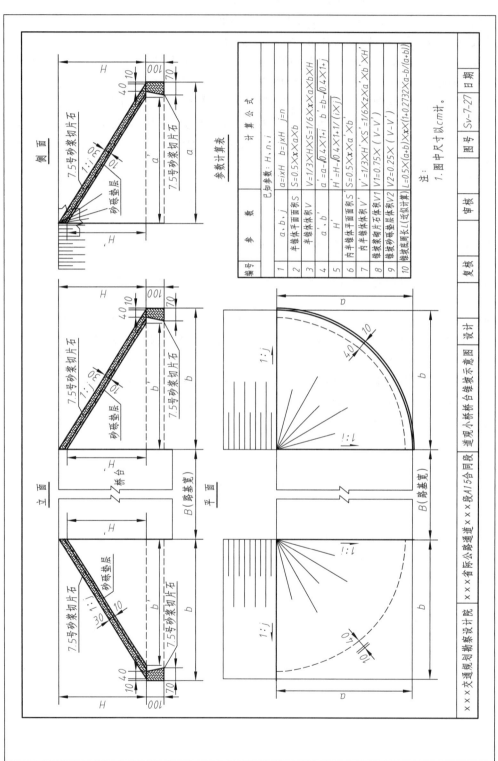

图 11-20　某小桥护坡设计图

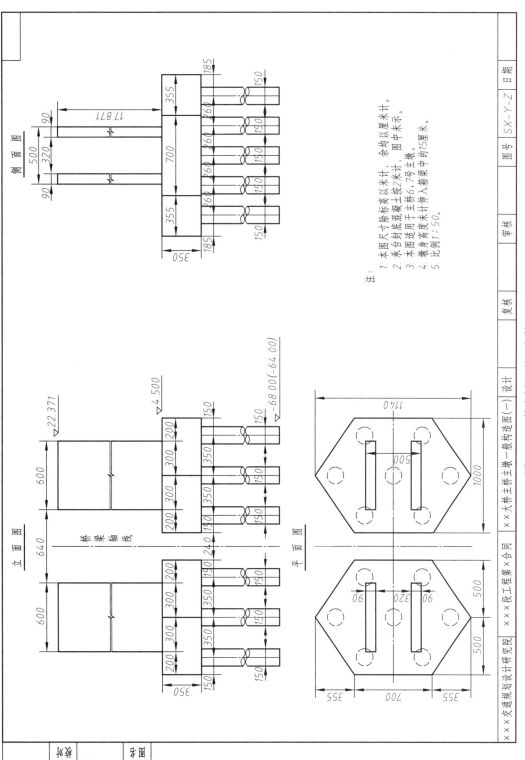

图 11-21 某大桥主墩一般构造图

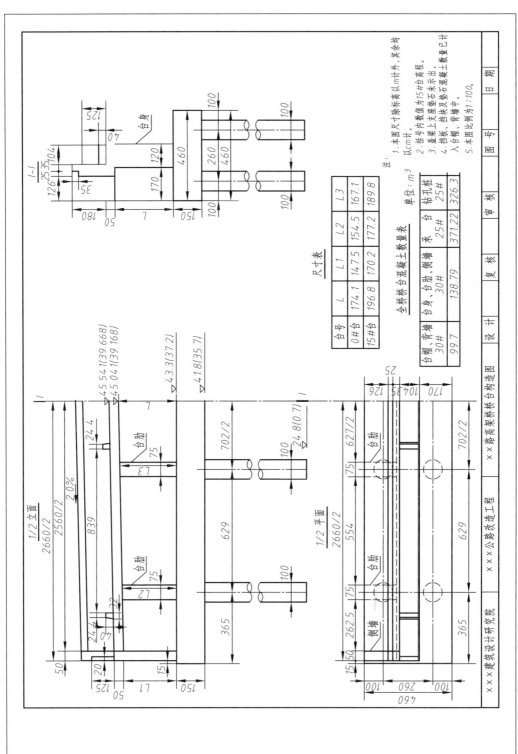

图 11-22 某桥台构造图

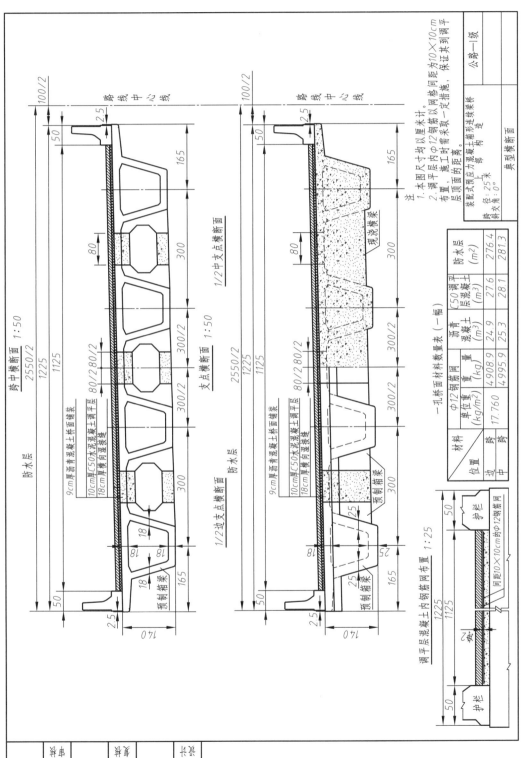

图 11-23 装配式预应力混凝土箱形连续梁桥上部构造—典型横断面

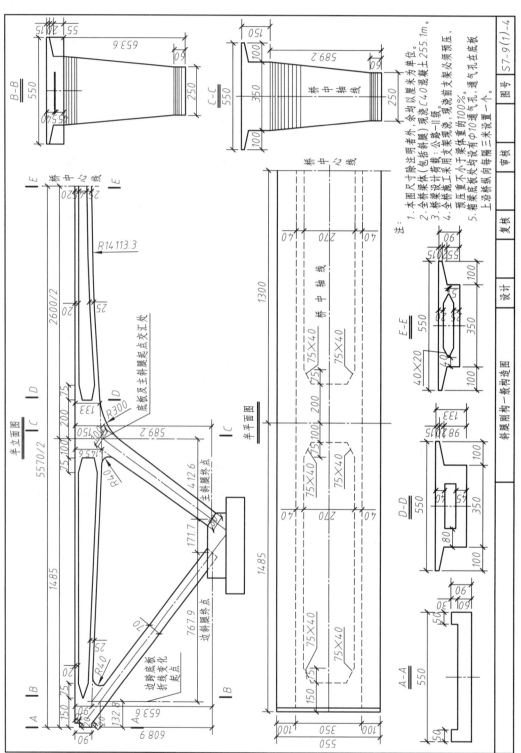

图 11-24　斜腿钢构一般构造图

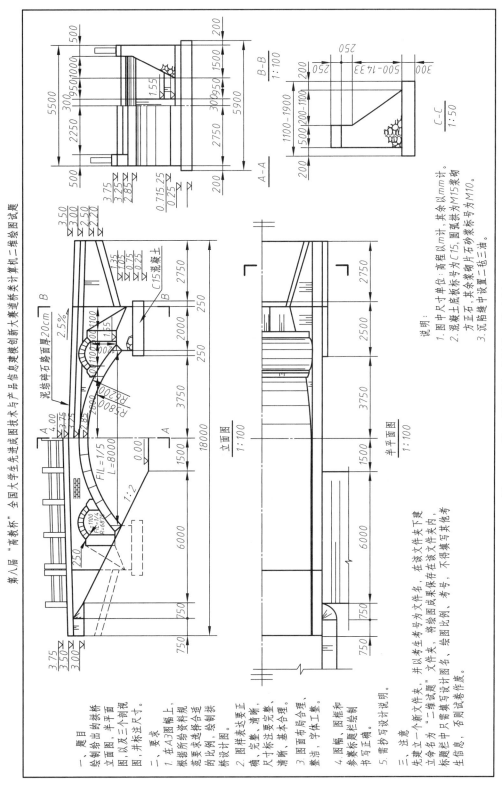

图 11-25　第八届高教杯道桥类二维试题

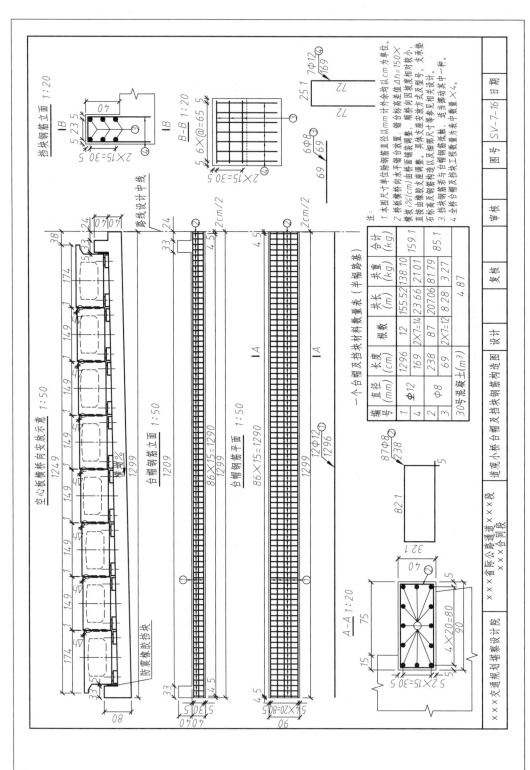

图 11-26 道观小桥台帽设计图

附录 A　AutoCAD 快捷键

序号	快捷		序号	快捷	
第一类	修改命令		第二类	绘图命令	
1	删除	E	15	多行文字	T
2	复制	CO	16	单行文字	DT
3	镜像	MI	17	创建块	B
4	偏移	O	18	写块	W
5	阵列	AR	19	点	PO
6	移动	M	20	图案填充	H
7	旋转	RO	21	面域	REG
8	缩放	SC	第三类	标准工具条	
9	拉伸	S	1	新建文件	NEW
10	修剪	TR	2	打印	Ctrl＋P
11	延伸	EX	3	保存文件	SAVE
B12	打断	BR	4	复制	Ctrl＋C
13	倒角	CHA	5	剪切	Ctrl＋X
14	圆角	F	6	粘贴	Ctrl＋V
15	分解	X	7	打开文件	OPEN
第二类	绘图命令		8	打印预览	PRINT/PLOT
1	直线	L	9	特性管理器	Ctrl＋1
2	构造线	XL	10	平移	P
3	多线	ML	11	缩放	Z
4	多段线	PL	第四类	功能键	
5	正多边形	POL	1	帮助	F1
6	矩形	REC	2	文本窗口	F2
7	圆弧	A	3	对象捕捉	F3
8	椭圆弧	ELLIPSE	4	等轴测平面切换	F5
9	插入块	I	5	栅格	F7
10	圆	C	6	正交	F8
11	修订云线	REVCLOUD	7	捕捉	F9
12	样条曲线	SPL	8	极轴	F10
13	编辑样条曲线	SPE	9	对象捕捉追踪	F11
14	椭圆	EL	10	动态输入	F12

续表

序号	快捷		序号	快捷	
第五类	组合控制键		第六类	尺寸标注	
1	全部选择	Ctrl+A	8	编辑标注	DED
2	复制	Ctrl+C	9	线性标注	DLI
3	坐标	Ctrl+D	10	坐标标注	DOR
4	选择不同的等轴测平面	Ctrl+E	11	标注替换	DOV
5	系统变量	Ctrl+H	12	半径标注	DRA
6	超级链接	Ctrl+K	13	折弯线性	DJL
7	新建	Ctrl+N	第七类	三维命令	
8	打开	Ctrl+O	1	三维旋转	ROTATE 3D
9	打印	Ctrl+P	2	三维镜像	MIRROR 3D
10	退出	Ctrl+Q	3	三维阵列	3DARRAY(3A)
11	保存	Ctrl+S	4	剖切	SLICE(SL)
12	数字化仪初始化	Ctrl+T	5	并集	UNION(UNI)
13	粘贴	Ctrl+V	6	干涉	INTERFERE(INF)
14	剪切	Ctrl+X	7	交集	INTERSECT(IN)
15	重做	Ctrl+Y	8	差集	SUBTRACT(SU)
16	放弃	Ctrl+Z	9	旋转曲面	REVSRRF
第六类	尺寸标注		10	长方体	BOX
1	标注样式	DST	11	球体	SPHERE
2	对齐标注	DAL	12	圆柱体	CYLINDER
3	角度标注	DAN	13	圆锥体	CONE
4	基线标注	DBA	14	楔体	WEDGE(WE)
5	圆心标记	DCE	15	拉伸	EXTRUDE(EXT)
6	连续标注	DCO	16	旋转	REVOLVE(REV)
7	直径标注	DDI	17	消隐	HI

附录 B　天正建筑软件常用快捷命令

序号	快捷		序号	快捷	
第一类	轴网		第三类	墙体	
1	重排轴号	CPZH	16	墙齐屋顶	QQWD
2	倒排轴号	DPZH	17	识别内外	SBNW
3	墙生轴网	QSZW	18	修墙角	XQJ
4	删除轴号	SCZH	19	异型立面	YXLM
5	添补轴号	TBZH	20	指定内墙	ZDNQ
6	添加轴线	TJZX	21	指定外墙	ZDWQ
7	绘制轴网	HZZW	第四类	门窗	
8	逐点标轴	ZDBZ	1	编号复位	BHFW
9	轴线裁剪	ZXCJ	2	编号后缀	BHHZ
第二类	柱子		3	带形窗	DXC
1	标准柱	BZZ	4	窗棂展开	CLZK
2	构造柱	GZZ	5	窗棂映射	CLYS
3	角柱	JZ	6	门窗套	MCT
4	异形柱	YXZ	7	加装饰套	JZST
5	柱齐墙边	ZQQB	8	门口线	MKX
第三类	墙体		9	门窗	MC
1	边线对齐	BXDQ	10	门窗表	MCB
2	单线变墙	DXBQ	11	门窗编号	MCBH
3	倒墙角	DQJ	12	门窗检查	MCJC
4	等分加墙	DFJQ	13	门窗原型	MCYX
5	改高度	GGD	14	门窗入库	MCRK
6	改墙厚	GQH	15	门窗总表	MCZB
7	改外墙高	GWQG	16	内外翻转	NWFZ
8	改外墙厚	GWQH	17	异形洞	YXD
9	绘制墙体	HZQT	18	转角窗	ZJC
10	矩形立面	JXLM	19	组合门窗	ZHMC
11	净距偏移	JJPY	20	左右翻转	ZYFZ
12	基线对齐	JXDQ	第五类	房间屋顶	
13	平行生线	PXSX	1	布置隔板	BZGB
14	墙端封口	QDFK	2	布置隔断	BZGD
15	墙体造型	QTZX	3	布置洁具	BZJJ

续表

序号	快捷		序号	快捷	
第五类	房间屋顶		第七类	立面	
4	查询面积	CXMJ	10	雨水管线	YSGX
5	房间轮廓	FJLK	11	柱立面线	ZLMX
6	加老虎窗	JLHC	第八类	剖面	
7	加雨水管	JYSG	1	参数栏杆	CSLG
8	加踢脚线	JTJX	2	参数楼梯	CSLT
9	任意坡顶	RYPD	3	扶手接头	FSJT
10	人字坡顶	RZPD	4	构件剖面	GJPM
11	搜索房间	SSFJ	5	画剖面墙	HPMQ
12	搜屋顶线	SWDX	6	加剖断梁	JPDL
13	套内面积	TNMJ	7	建筑剖面	JZPM
14	攒尖屋顶	CJWD	8	居中加粗	JZJC
第六类	楼梯其他		9	楼梯拦板	LTLB
1	电梯	DT	10	楼梯栏杆	LTLG
2	多跑楼梯	DPLT	11	门窗过梁	MCGL
3	连接扶手	LJFS	12	剖面门窗	PMMC
4	坡道	PD	13	剖面填充	PMTC
5	任意梯段	RYTD	14	剖面檐口	PMYK
6	散水	SS	15	取消加粗	QXJC
7	双跑楼梯	SPLT	16	双线楼板	SXLB
8	台阶	TJ	17	向内加粗	XNJC
9	添加扶手	TJFS	18	预制楼板	YZLB
10	阳台	YT	第九类	文字表格	
11	圆弧梯段	YHTD	1	表列编辑	BLBJ
12	直线梯段	ZXTD	2	表行编辑	BHBJ
13	自动扶梯	ZDFT	3	查找替换	CZTH
第七类	立面		4	单行文字	DHWZ
1	构件立面	GJLM	5	单元编辑	DYBJ
2	立面窗套	LMCC	6	单元合并	DYHB
3	建筑立面	JZLM	7	单元递增	DYDZ
4	立面轮廓	LMLK	8	单元复制	DYFZ
5	立面门窗	LMMC	9	单元累加	DYLJ
6	立面屋顶	LMWD	10	撤销合并	CXHB
7	立面阳台	LMYT	11	多行文字	MTEXT
8	门窗参数	MCCS	12	繁简转换	FJZH
9	图形裁剪	TXCJ	13	曲线文字	QXWZ

续表

序号	快捷		序号	快捷	
第九类	文字表格		第十类	尺寸标注	
14	全屏编辑	QPBJ	23	外包尺寸	WBCC
15	文字合并	WZHB	24	增补尺寸	ZBCC
16	文字样式	WZYS	25	直径标注	ZJBZ
17	文字转化	WZZH	26	逐点标注	ZDBZ
18	新建表格	XJBG	第十一类	符号标注	
19	拆分表格	CFBG	1	标高标注	BGBZ
20	合并表格	HBBG	2	标高检查	BGJC
21	增加表行	ZJBH	3	断面剖切	DMPQ
22	删除表行	SCBH	4	画对称轴	HDCZ
23	统一字高	TYZG	5	画指北针	HZBZ
24	转角自纠	ZJZJ	6	加折断线	JZDX
25	专业词库	ZYCK	7	箭头引注	JTYZ
第十类	尺寸标注		8	剖面剖切	PMPQ
1	半径标注	BJBZ	9	索引符号	SYFH
2	裁剪延伸	CJYS	10	索引图名	SYTM
3	尺寸转化	CCZH	11	图名标注	TMBZ
4	尺寸自调	CCZT	12	引出标注	YCBZ
5	尺寸打断	CCDD	13	坐标标注	ZBBZ
6	等分区间	DFQJ	14	作法标注	ZFBZ
7	等式标注	DSBZ	15	坐标检查	ZBJC
8	对齐标注	DQBZ	第十二类	工具	
9	快速标注	KSBZ	1	对象编辑	DXBJ
10	弧长标注	HCBZ	2	对象查询	DXCX
11	合并区间	HBQJ	3	对象选择	DXXZ
12	角度标注	JDBZ	4	恢复可见	HFKJ
13	连接尺寸	LJCC	5	局部隐藏	JBYC
14	两点标注	LDBZ	6	局部可见	JBKJ
15	门窗标注	MCBZ	7	在位编辑	ZWBJ
16	内门标注	NMBZ	8	移位	YW
17	墙厚标注	QHBZ	9	自由粘贴	ZYNT
18	墙中标注	QZBZ	10	自由复制	ZYFZ
19	切换角标	QHJB	11	自由移动	ZYYD
20	取消尺寸	QXCC	第十三类	曲线工具	
21	文字复位	WZFW	1	布尔运算	BEYS
22	文字复值	WZFZ	2	反向	FX

序号	快捷		序号	快捷	
3	交点打断	JDDD	第十七类	文件布图	
4	加粗曲线	JCQX	1	布局旋转	BJXZ
5	连接线段	LJXD	2	插入图框	CRTK
6	消除重线	XCCX	3	插件发布	CJFB
7	虚实变换	XSBH	4	图纸目录	TZML
8	线变复线	XBFX	5	图纸保护	TZBH
第十四类	图层工具		6	定义视口	DYSK
1	关闭图层	GBTC	7	分解对象	FJDX
2	冻结图层	DJTC	8	改变比例	GBBL
3	锁定图层	SDTC	9	工程管理	GCGL
4	图层恢复	TCHF	10	旧图转换	JTZH
第十五类	其他工具		11	图形导出	TXDC
1	统一标高	TYBG	12	批量转旧	PLZJ
2	搜索轮廓	SSLK	13	视口放大	SKFD
3	图形裁剪	TXCJ	14	图层转换	TCZH
4	图形切割	TXQG	15	图形变线	TXBX
5	矩形	JX	16	图变单色	TBDS
6	道路绘制	DLHZ	17	颜色恢复	YSHF
7	道路圆角	DLYJ	第十八类	其他	
第十六类	三维建模		1	光　源	Light
1	变截面体	BJMT	2	渲　染	Render
2	等高建模	DGJM	3	贴图坐标	SetUV
3	路径排列	LJPL	第十九类	设置	
4	栏杆库	LGK	1	选项	OPtions
5	路径曲面	LJQM	2	天正选项	TZXX
6	平板	PB	3	高级选项	GJXX
7	三维网架	SWWJ	4	自定义	ZDY
8	竖板	SB	5	当前比例	DQBL
9	通用图库	TYTK	6	图层管理	TCGL
10	图块转化	TKZH	第二十类	帮助演示	
11	图块改层	TKGC	1	版本信息	BBXX
12	图块替换	TKTH	2	常见问题	CJWT
13	图案管理	TAGL	3	教学演示	JXYS
14	图案加洞/减洞	TAJD	4	日积月累	RJYL
15	线图案	XTA	5	问题报告	WTBG
			6	在线帮助	ZXBZ

参 考 文 献

[1] 贾黎明,汪永明. 建筑制图[M]. 2版. 北京:中国铁道出版社有限公司,2022.

[2] 贾黎明,张巧珍. 建筑制图习题集[M]. 2版. 北京:中国铁道出版社有限公司,2022.

[3] 何煜琛,张宏彬,矫健. CAD习题集(2016)[M]. 北京:高等教育出版社,2017.

[4] 殷佩生,吕秋灵,沈丽宁. 土建工程应用教程[M]. 南京:河海大学出版社,2010.

[5] 董祥国. AutoCAD 2014应用教程[M]. 南京:东南大学出版社,2014.

[6] 仝基斌,裴善报. AutoCAD基础教程[M]. 北京:人民邮电出版社,2020.

[7] 程述. 市政工程识图与构造[M]. 北京:北京理工大学出版社,2017.

[8] 邵立康. 全国大学生先进成图技术与产品信息建模创新大赛命题解答汇编(1—11届)(机械类、水利类与道桥类)[M]. 北京:中国农业大学出版社,2019.

[9] 邵立康. 全国大学生先进成图技术与产品信息建模创新大赛第12、13届命题解答汇编[M]. 北京:中国农业大学出版社,2021.

[10] 张立明,徐品,闫志刚. AutoCAD 2016道桥制图[M]. 北京:人民交通出版社,2016.

[11] 中华人民共和国住房和城乡建设部. 房屋建筑制图统一标准:GB/T 50001—2017[S]. 北京:中国建筑工业出版社,2017.

[12] 中华人民共和国水利部. 水利水电工程制图标准　基础制图:SL 73.1—2013[S]. 北京:中国水利水电出版社,2013.

[13] 中华人民共和国水利部. 水利水电工程制图标准　水工建筑图:SL 73.2—2013[S]. 北京:中国水利水电出版社,2013.

[14] 王娟玲,张圣敏,侯卫周. 道路工程制图[M]. 2版. 北京:中国水利水电出版社,2014.

[15] 陈伟章. 如何识读路桥施工图[M]. 北京:机械工业出版社,2020.

[16] 周佳新,张喆,李鹏. 道桥工程CAD制图[M]. 北京:化学工业出版社,2014.

[17] 崔洁. 路桥BIM建模技术[M]. 徐州:中国矿业大学出版社,2019.

[18] 殷佩生,吕秋灵. 画法几何及水利工程制图[M]. 5版. 北京:高等教育出版社,2006.

[19] 沈丽宁. 画法几何及水利工程制图习题集[M]. 5版. 北京:高等教育出版社,2006.